Schweißtechnik im Flugzeugbau

Berlin 1938

Dr. M. Matthiesen & Co., Berlin

Druck Paul Fleck, Berlin SO 16, Schmidstr. 8 a

Inhalt

*) Technische Schulung.

A. Einleitende Betrachtungen.

1. Von allen Metallverbindungsverfahren ist die **Schweißverbindung** als die vollkommenste anzusehen. In jahrzehntelanger Entwicklung verdrängte die Schweißtechnik zu einem großen Teil die bisherigen Konstruktionselemente. Eine gut ausgeführte Schweißung kommt den chemischen und physikalischen Eigenschaften des Grundwerkstoffes fast gleich; teilweise übertrifft sie sogar die Werte an Festigkeit, Dehnung und chemischer Widerstandskraft des ungeschweißten Werkstoffes.

2. Alle anderen Verbindungsmethoden sind meistenteils durch Verwendung von Fremdkörpern als Bindeglied gekennzeichnet (z. B. Nieten), sie weisen hervorstehende Teile sowie bedeutende Werkstoffanhäufungen auf.

Die geschweißte Konstruktion hat diese Nachteile nicht. Sie ermöglicht ein direktes Zusammenwachsen der Werkstoffkanten, ohne daß an der Verbindungsstelle wesentliche Querschnittsveränderungen auftreten (Abb. 1).

Abb. 1a. Schweißverbindung.

Abb. 1b. Nietverbindung.

3. Die Schweißverbindung entspricht vollkommen den Erfordernissen des Flugzeugbaues. Neben großer Wirtschaftlichkeit können erhebliche Gewichtsverminderungen erzielt werden. Da jede Werkstofferſparnis der Konstruktion eine Vermehrung der Nutzlast zur Folge hat, tritt damit für das Flugzeug eine Vergrößerung des Wirkungsbereiches ein.

4. Als Nachteil ist die Gefahr der Wärmestauungen an den geschweißten Stellen zu nennen, die bei nicht einwandfreier Arbeit und bei geringer Beachtung der Werkstoffeigenschaften eintreten können.

Daher: **Beste Schulung. Sorgsamste Arbeitsausführung.**

B. Die Schweißverfahren.

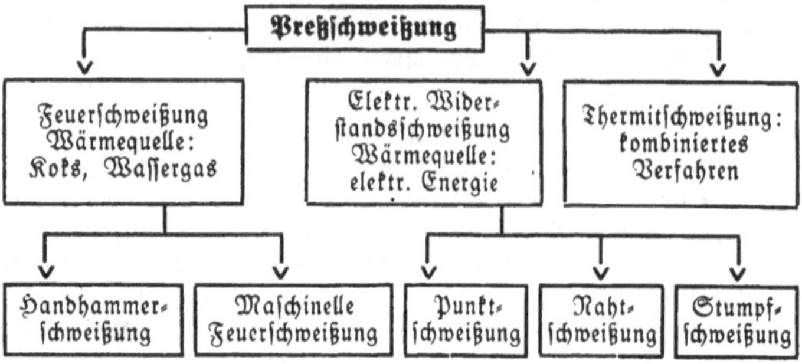

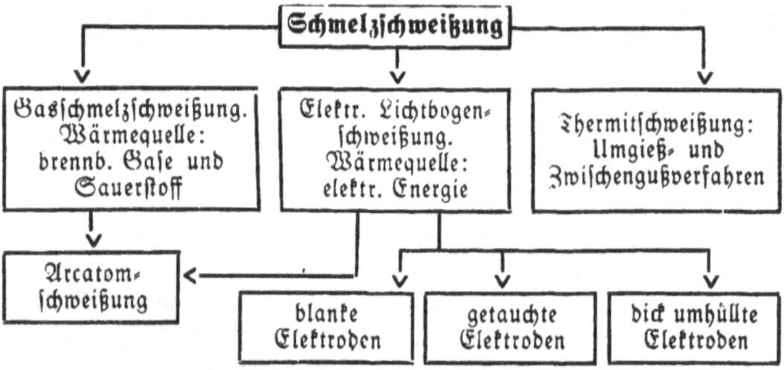

Allgemeines über Preßschweißungen.

1. Die Metallenden werden durch hohe Temperatureinwirkungen in einen teigigen Zustand versetzt. Durch Preßdruck werden die Eisenkristalle zum Zusammenwachsen gebracht. Bei Ausführung dieses Knetvorganges ist darauf zu achten, **daß sich keine hindernden Trennungsschichten nichtmetallischer Stoffe** zwischen den Werkstoffen befinden.

Die Anwendungsmöglichkeit der Preßschweißung hängt auch von der Werkstoffzusammensetzung ab. Stähle mit hohem Kohlenstoffgehalt eignen sich nicht für Preßschweißungen.

Legierungsbestandteile wie: Wolfram, Chrom, Silizium und Aluminium bilden bei hohen Temperaturen schwerschmelzende Oxyde, so daß Preßschweißungen bei Stählen mit derartigen Beimengungen ungünstig ausfallen.

Die Preßschweißverfahren besitzen gegenüber den Schmelzschweißungen geringere Bedeutung.

Elektrische Widerstandsschweißung.

1. Von allen Preßschweißverfahren wird im Flugzeugbau die elektrische Widerstandsschweißung angewendet.

Diese unterteilt sich in die **Stumpf-**, **Punkt-** und **Naht**schweißung. Abb. 2 zeigt die schematische Darstellung der Stumpf- und Punktschweißung.

2. Man findet:

a) **Stumpfschweißung** bei serienmäßiger Verbindung von Rohren.

b) **Punktschweißung** dort, wo infolge des raschen Schweißvorganges nur eine geringe Wärmeabwanderung und Gefügeveränderung eintreten darf (z. B. Kühlerbau). bau).

Daher eignet sich die Punktschweißung auch für Werkstoffe höherer Festigkeit.

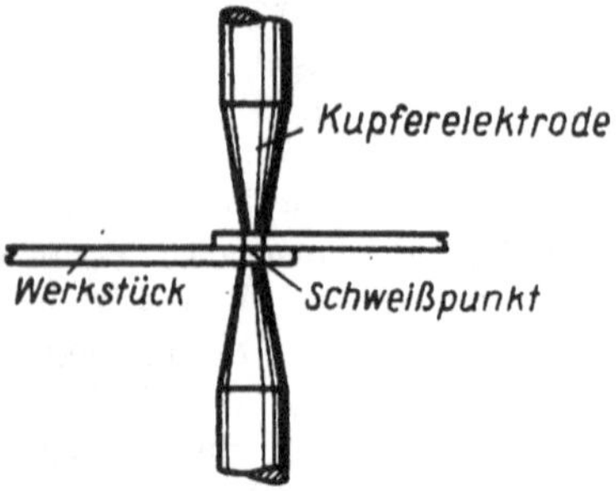

a) Punkt-schweißung.

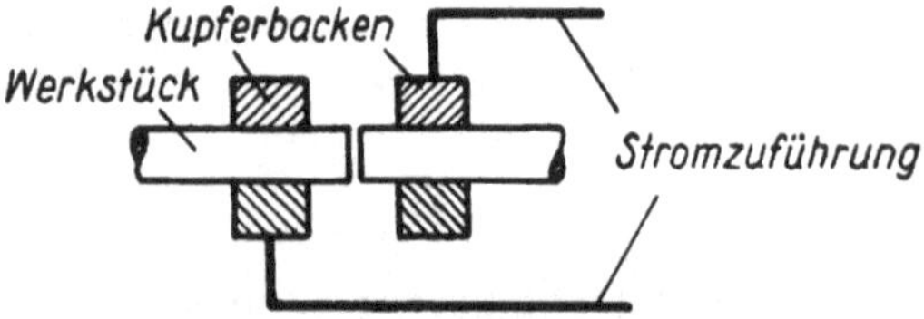

b) Stumpf-schweißung.

Abb. 2. Schematische Darstellung der elektrischen Punkt- und Stumpfschweißung.

Allgemeines über Schmelzschweißverfahren.

1. Bei allen Schmelzschweißungen werden durch die *Verflüssigung der Werkstoffkanten innige Verbindungen* herbeigeführt. Die volle Werkstoffstärke wird durch gleichzeitiges Abschmelzen eines *Zusatzstabes* erreicht. Die verflüssigte Zone bildet nach der Erstarrung die *Schweißnaht*.

2. Die Schmelzvorgänge gleichen einem *Hüttenprozeß im kleinen*. Die Güte der Schweißnaht ist daher durch entsprechende *Zusatzwerkstoff-Zusammensetzung* stark beeinflußbar. Es besteht die Möglichkeit, alle die Stoffe im verstärkten Maße zuzuführen, die teilweise beim Schweißprozeß verlorengehen.

3. Als die wichtigsten Vertreter der Schmelzschweißung gelten die **elektrische Lichtbogen- und die Gasschmelzschweißung.**

Im Flugzeugbau wird hauptsächlich die Gasschmelzschweißung angewendet.

Elektrische Lichtbogenschweißung.

1. Der Lichtbogen überbrückt den Luftraum zwischen Werkstück und Elektrode. Seine Temperatur beträgt etwa 4000° C. Infolgedessen tritt bei der Entstehung des Lichtbogens sofort eine Verflüssigung der vorher kalten Werkstück-Kanten sowie des Elektrodenendes ein (Abb. 3).

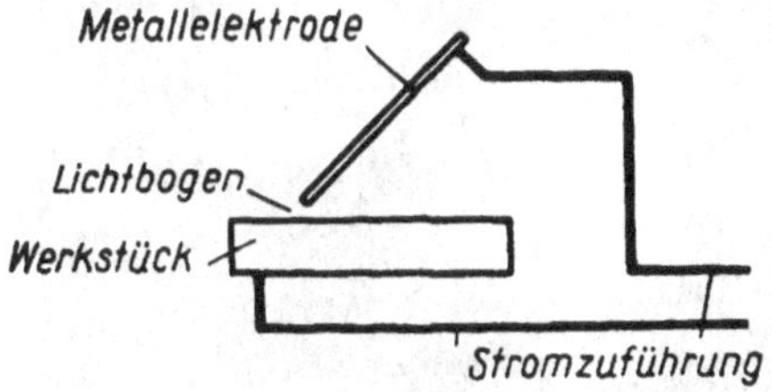

Abb. 3. Schematische Darstellung der elektrischen Lichtbogenschweißung.

Für eine saubere Schweißnahtbildung ist eine unveränderliche Lichtbogengröße und eine gleichmäßige Vorwärtsbewegung der Elektrode von ausschlaggebender Bedeutung.

3. Da die **Anwärmezeit** nur den Bruchteil einer Sekunde beträgt, findet kaum eine Wärmeabwanderung statt.

Die Erkaltung der Schweißnaht erfolgt außerordentlich rasch. Sie kommt daher fast einem Härtevorgang gleich.

Besonders ungünstig kommt diese Erscheinung bei Stählen mit härtenden Legierungselementen zur Ausdenen durch die eintretende Schrumpfung eine Korrektur des Fehlers zu erwarten ist. Nur dann wird ein derart umfangreiches Werkstück dem Verwendungszweck voll entsprechen, wenn man sich bei jeder vorgenommenen Handlung rechtzeitig von den Auswirkungen überzeugt,

Abb. 166. Steuerungseinbauten (Foto Heinkel).

naht wirkt sich selbst bei großer Schweißempfindlichkeit der Werkstoffe bei weitem nicht so nachteilig wie bei der Lichtbogenschweißung aus. Die geglühte Zone ist wesentlich größer, es verzögert sich damit die Abkühlung der Naht in beträchtlichem Maße.

3. Die Spannungsspitzen befinden sich nicht in der Schweißnaht, sondern neben der Raupe. Als gefährlicher Querschnitt ist deshalb der stark geglühte Werkstoffteil in unmittelbarer Nähe der Schweißnaht zu betrachten.

4. Die besten Voraussetzungen für eine gute Verbindung von Werkstücken bietet die Gasschmelzschweißung in Form der **Stumpfnaht**.

Beim Schweißen geringer Werkstoffstärken sowie von Nichteisenmetallen ist dieses Verfahren als unübertrefflich anzusehen.

Das Schweißen in ungewöhnlichen Lagen bereitet ebenfalls keine Schwierigkeiten.

5. Die Anwendung der Gasschmelzschweißung erfolgt nicht nur bei Teilen untergeordneter Bedeutung; auch hochbeanspruchte Hauptteile wie Stahlrohrrümpfe, Steuerflächen, Motorträger und stark beanspruchte Zubehörteile werden durch sie zu einem Ganzen verbunden.

Arcatomschweißung.

1. Dieses Verfahren ist eine Verbindung der Gasschmelz- und Lichtbogenschweißung.

Zwischen zwei V-förmig zueinander stehenden Wolfram-Elektroden, die von einem Brenngasstrom (Wasserstoff) umspült werden, bildet sich ein Lichtbogen. Das Schmelzen des Werkstoffes ist auf die Wärmewirkung des elektrischen Stromes zurückzuführen. Das Brenngas entzieht der Luft den Sauerstoff und schützt damit das verflüssigte

Metall vor Oxydbildungen. Aus Abb. 5 ist das Schema der Arcatomschweißung ersichtlich.

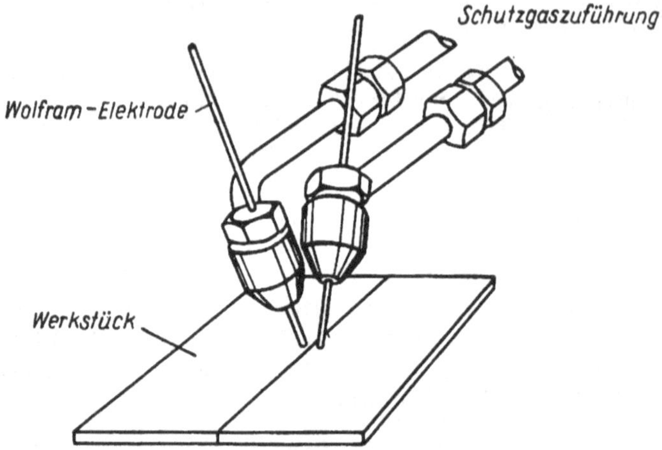

Abb. 5. Schema der Arcatomschweißung.

2. Obwohl die mechanischen Eigenschaften als vorzüglich zu bezeichnen sind, hat die Arcatomschweißung infolge der umfangreichen Geräte bis jetzt wenig Eingang gefunden. Die Anwendung im Flugzeugbau beschränkt sich bis heute auf einige Sonderarbeiten der Stahl- und Leichtmetallschweißung.

A. Flammenwirkung verschiedener Brenngase.

Die Gasschmelzschweißung ist das einzige Verfahren, das zum Verschweißen aller technisch wichtigen Metalle anwendbar ist.

Die Gütewerte der Schweißungen sind im großen Maße von den verwendeten Gasen und einer dem Werkstoff entsprechenden **Flammeneinstellung** abhängig.

Die Azetylen-Sauerstoff-Flamme.

1. Azetylen hat eine **Flammentemperatur** bis etwa 3500° C. Die Flamme ist stark reduzierend, d. h. sauerstoffbindend.

2. In Abb. 6 ist die Azetylen-Sauerstoff-Flamme mit Temperaturkurve schematisch dargestellt.

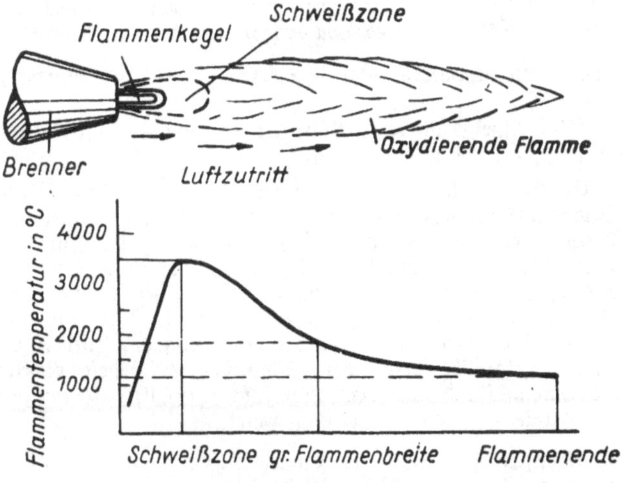

Abb. 6. Die Azetylen-Sauerstoff-Flamme mit graphischer Darstellung der Flammentemperaturen.

Innerhalb des scharf umrissenen Flammenkegels liegt die Temperatur bei 1000° C.

Die **Spitzentemperatur** befindet sich je nach Brennergröße **3 bis 7 mm** vor dem Flammenkegel.

In der größten Flammenbreite beträgt die Temperatur nur etwa 1800° C, um am Ende der Streuflamme auf 1200° C abzufallen.

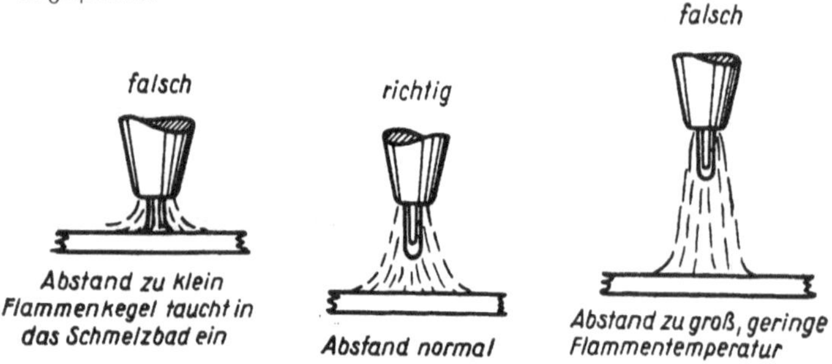

Abb. 7. Die Auswirkung verschiedener Flammenabstände vom Werkstück.

3. Abb. 7 zeigt die eigentliche Schweißzone. Diese übt eine stark reduzierende Wirkung aus.

Es dürfte allgemein bekannt sein, daß stark erhitzte Stähle Sauerstoffverbindungen eingehen, wenn die Luft ungehindert herantreten kann. Es bildet sich dann auf der Oberfläche des Werkstoffes eine Schlackenschicht. Diese Erscheinung wird bei der Azetylen-Sauerstoff-Flamme infolge der reduzierenden Flammenwirkung beseitigt; denn der verflüssigte und stark erhitzte Werkstoff wird vor der Einwirkung des Luft-Sauerstoffes geschützt, wenn der Schweißer stets den richtigen Flammenabstand von dem Werkstück innehält und auf einwandfreie Flammeneinstellung achtet.

4. Azetylen setzt sich aus zwei Teilen Kohlenstoff und zwei Teilen Wasserstoff in chemisch gebundener Form zusammen.

Die Verbrennung findet in zwei Abschnitten statt.

Beim ersten Verbrennungsvorgang wird der mit dem Brenngas durch die Düse zugeführte Sauerstoff verbraucht. Als Zwischenprodukt entsteht Kohlenoxyd und Wasserstoff.

$$2\,C_2H_2 + 2\,O_2 = 4\,CO + 2\,H_2$$
Azetylen + Sauerstoff = Kohlenoxyd + Wasserstoff

Diese Gase bedürfen zur vollkommenen Verbrennung noch weiterer Sauerstoffmengen. Der fehlende Sauerstoff wird aus der das Werkstück umgebenden Luft genommen. Da die Schweißzone fortgesetzt den Luft-Sauerstoff verbraucht, ist kein Sauerstoff mehr vorhanden, der Oxydbildungen verursachen kann. Das Schmelzbad weist infolgedessen einen sauberen Fluß auf. Die reduzierende Flammenwirkung ist derart stark, daß die Flamme bereits vorhandenen Oxyden den Sauerstoff entzieht, womit eine Reinigung des Schmelzbades herbeigeführt wird.

$$4\,CO + 2\,H_2 + 3\,O_2 = 4\,CO_2 + 2\,H_2O$$
Kohlenoxyd + Wasserstoff + Sauerstoff = Kohlendioxyd (Kohlensäure) + Wasser (Wasserdampf)

In der größten Flammenbreite ist der Verbrennungsvorgang fast beendet. Da in diesem Flammenteil nur noch geringe Sauerstoffmengen aus der Luft Aufnahme finden, ist es falsch, ihn zur Schweißung heranzuziehen; denn eine schützende, reduzierende Wirkung der Flamme ist kaum noch vorhanden.

5. Oft kann beobachtet werden, daß die Schweißer am Nahtende den Brenner abheben, um vermeintlich Überhitzungen und Werkstoffverbrennungen zu verhindern. Nach obigen Betrachtungen ist jedoch **diese Arbeitsweise** als **falsch** zu bezeichnen, da sie nur die Oxydbildung fördert. Als wirksamste Abhilfe von Überhitzungserscheinungen am Nahtende ist eine erhöhte Schweißgeschwindigkeit zu wählen.

Auch das Eintauchen des Flammenkegels in das Schmelzbad ist auf jeden Fall zu vermeiden; denn die unverbrannten Bestandteile des Gasgemisches gehen Verbindungen mit dem flüssigen Werkstoff ein und verursachen eine poröse und spröde Schweißnaht.

6. **Auf richtige und stets gleichbleibende Flammeneinstellung ist zu achten.**

Unter neutraler Flammeneinstellung versteht man ein **Mischungsverhältnis:**

$$\frac{\text{Sauerstoff}}{\text{Azetylen}} = \frac{1}{1} \text{ bis } \frac{1}{1{,}15}$$

Eine **neutrale Flammeneinstellung** ist einzuhalten!

Gegen Flammenveränderungen sind die neuerdings im Flugzeugbau zur Verwendung kommenden Chrom-Molybdän-Stähle besonders empfindlich.

Bei Sauerstoffüberschuß tritt starke Verbrennung auf, die eine rauhe Nahtoberfläche sowie Rißbildungen an den Schweißstellen verursachen.

Bei Azetylenüberschuß nimmt der flüssige Werkstoff in größeren Mengen Kohlenstoff auf. Das Gefüge der Schweißnaht wird durch porige Stellen unterbrochen. Infolge Verhartung der Naht können Rißbildungen eintreten (vgl. Abb. 8).

Die Wasserstoff-Sauerstoff-Flamme.

Wasserstoff als Brenngas findet nur geringe Verwendung; denn:

a) Die niedere Flammentemperatur hat eine lange Anwärmezeit und damit eine starke Wärmeabwanderung zur Folge.

Die Schweißgeschwindigkeit fällt ab.

Die Wärme des verflüssigten Werkstoffes wandert nach dem Grundwerkstoff ab, noch bevor die Schweißraupen eine glatte Oberfläche erhalten haben.

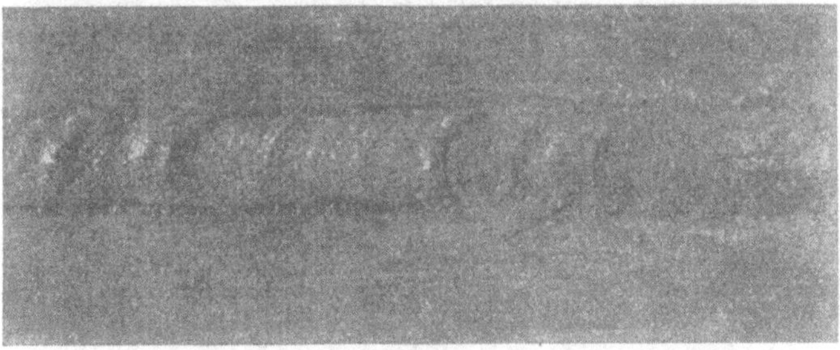

Azetylen-Überschuß.

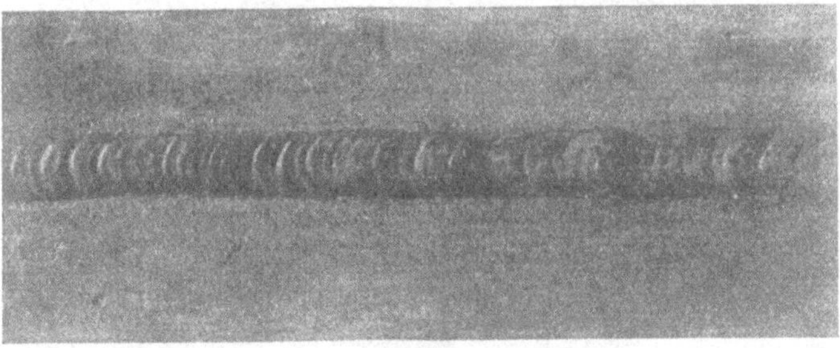

Normale Flammeneinstellung.

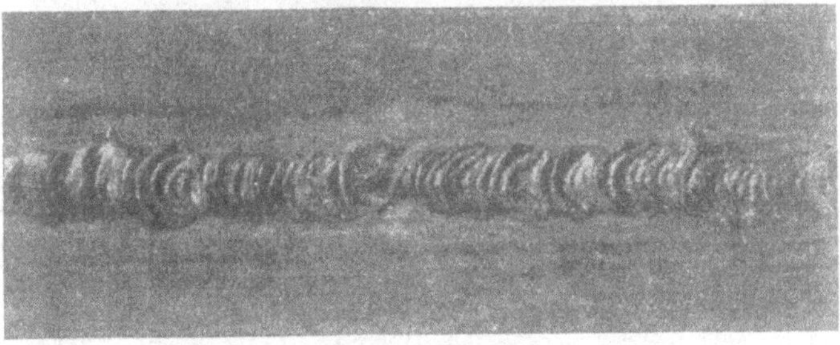

Sauerstoff-Überschuß.

Abb. 8. Mit verschiedener Flammeneinstellung geschweißte Stahlbleche.

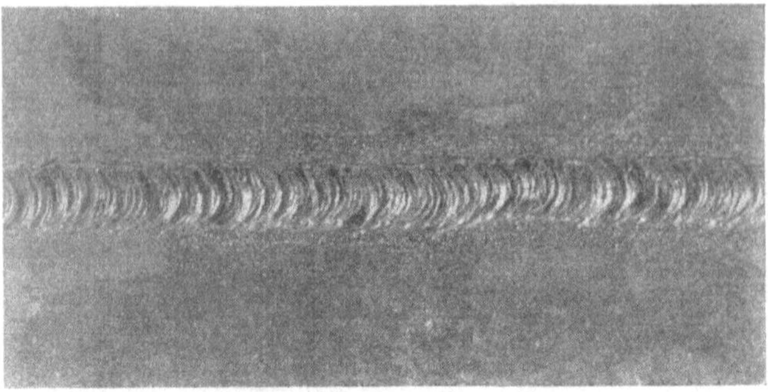

Mit Wasserstoff-Sauerstoff-Flamme ausgeführt.

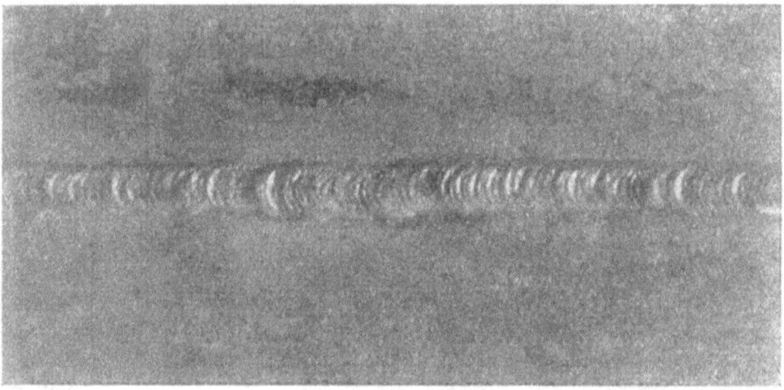

Mit Benzol-Sauerstoff-Flamme ausgeführt.

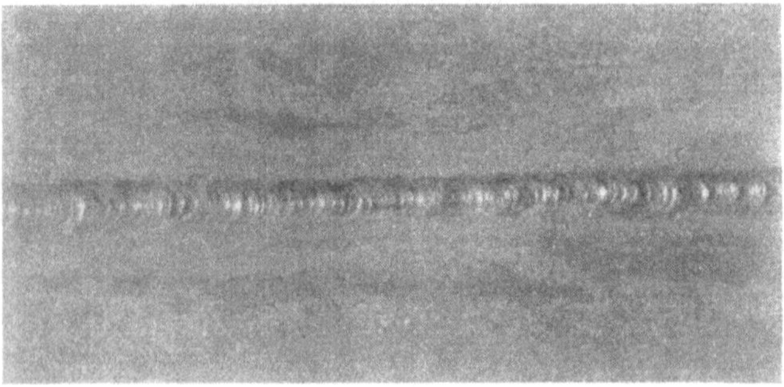

Mit Azetylen-Sauerstoff-Flamme ausgeführt.

Abb. 9. Mit verschiedenen Brenngasen geschweißte Stahlbleche.

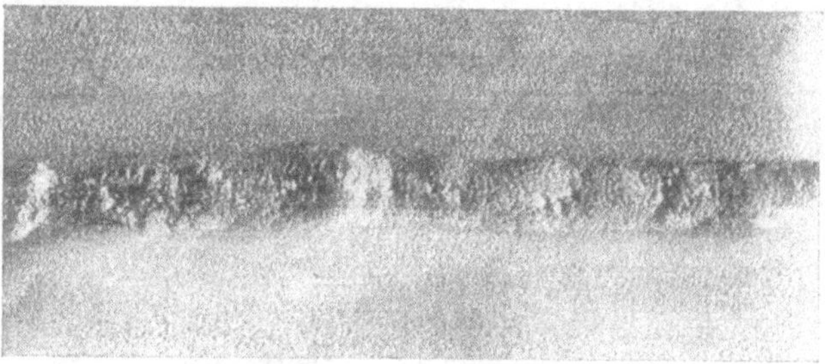

Mit Benzol-Sauerstoff-Flamme ausgeführt.

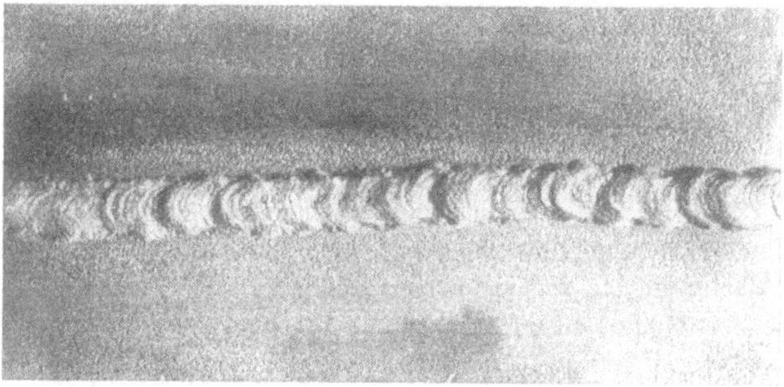

Mit Wasserstoff-Sauerstoff-Flamme ausgeführt.

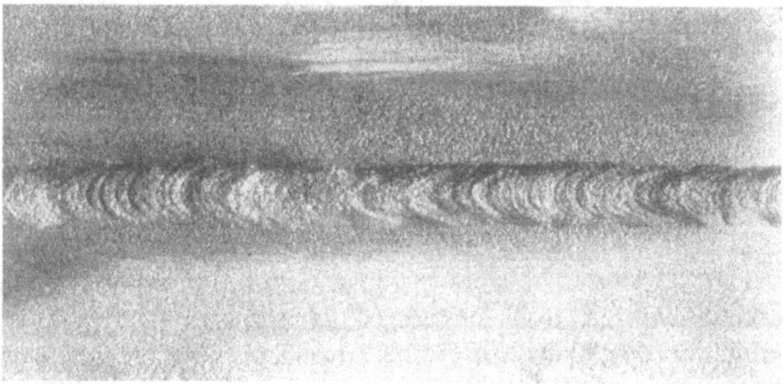

Mit Azetylen-Sauerstoff-Flamme ausgeführt.

Abb. 10. Mit verschiedenen Brenngasen geschweißte Aluminium-Bleche. (Die Kraterbildungen im Grundwerkstoff sind auf die Reinigung zurückzuführen.)

b) Die Flamme hat nur geringe reduzierende Eigenschaften, wodurch das Schmelzbad zu starker Schlackenbildung neigt.

Vergleichsschweißungen zwischen

Azetylen — Sauerstoff
Wasserstoff — Sauerstoff
Benzol — Sauerstoff

zeigen Abb. 9 für Stahlblech und Abb. 10 für Aluminium.

Die Benzol-Sauerstoff-Flamme.

Die mit Benzoldämpfen ausgeführte Schweißnaht ähnelt der des Azetylens.

Die Flammentemperatur ist etwas geringer als bei Azetylen; die Anwärmezeit daher etwas größer. Die Wärmeabwanderung steigt im gleichen Maße.

Das Schmelzbad weist geringe Schlackenbildung auf, da die reduzierende Wirkung der Benzolflamme unter der des Azetylens liegt.

Die mit Benzol hergestellte Stahlschweißnaht zeigt in charakteristischer Form ein tafelähnliches Aussehen. Die Oberfläche der Schweißraupe ist vollkommen glatt verlaufen, die Ränder der Naht dagegen fallen schroff zum Grundwerkstoff ab. Die Schmelzzone ist auffallend breit und verursacht einen erheblichen Glühprozeß der umliegenden Werkstoffteile.

Die Schweißung von Aluminium mit Benzol ist wenig ratsam, da eine starke Verunreinigung der Metalloberfläche während des Schweißvorganges eintritt, die Porenbildungen in der Naht zur Folge hat. Durch die Verschmutzung ist außerdem das Schmelzbad nicht gut zu beobachten. Bei der Elektronschweißung werden dagegen vorzügliche Ergebnisse erzielt.

B. Schweißarten.

Im Laufe der Zeit haben sich zwei Schweißarten herausgebildet: die Nachrechts- und die Nachlinksschweißung.

Die beiden Arbeitsverfahren unterscheiden sich in der Schweißrichtung und der Formung der Nahtoberfläche.

Die Anwendung der Schweißarten ist von den Werkstoffen und den Werkstoffstärken abhängig. Im Flugzeugbau kommt hauptsächlich die Nachlinksschweißung vor.

Die Nachrechtsschweißung.

1. Die Schweißrichtung verläuft von links nach rechts (Abb. 11). Der **Brenner wird nur in der Nahtrichtung bewegt**. Die Aufgabe der Flamme besteht darin, die

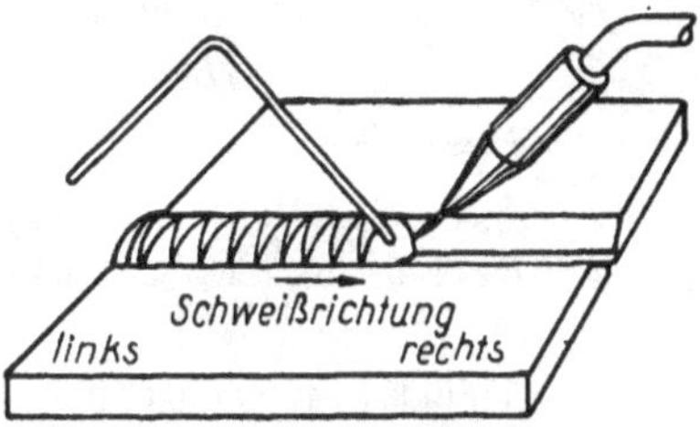

Abb. 11.
Die Arbeitsweise der Nachrechtsschweißung.

Winkel zwischen Blech und Brennerachse 70-75°, zwischen Blech und Zusatzstab 35-40°.

Verflüssigung der Werkstück-Kanten bis zur Nahtwurzel herbeizuführen und das Schmelzbad nach hinten zu treiben. Der Zusatzstab ist ständig im Schmelzbad zu halten und muß dicht hinter dem Brenner folgen, um Lochbildungen zu vermeiden. Durch geeignete Rührbewegungen des Zusatzstabes ist eine gleichmäßige Verteilung des flüssigen Werkstoffes, unter gleichzeitiger Formung der Nahtoberfläche, vorzunehmen.

2. Die *Nachrechtsschweißung* besitzt gegenüber der Nachlinksschweißung sehr wesentliche **Vorteile**.

a) *Größere Arbeitsgeschwindigkeit.*

Infolge der ruhigen Brennerführung konzentriert sich die Wärme innerhalb einer kleineren Zone. Die bereits vorhandene Schweißnaht verhindert eine allzu rasche Wärmeableitung. Die Stauwirkung trägt wesentlich zu einer *guten Wärmeausnutzung* der Heizgase bei. Da mit steigender Wärmeabwanderung auch die Verformung des Werkstückes zunimmt, besitzt auch in dieser Beziehung die Nachrechtsschweißung einen großen Vor-

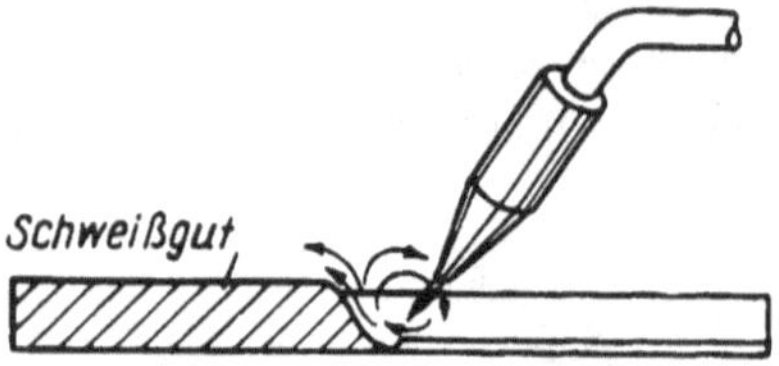

Abb. 12. Schematische Darstellung der Wärmestauung bei der Nachrechtsschweißung

teil, denn die *hohe Schweißgeschwindigkeit verhindert größere Wärmeausstrahlungen* (Abb. 12).

b) *Die reduzierende Flamme streicht ständig über die fertige Schweißnaht.*

Der Luftsauerstoff kann keine Verbindungen mit dem stark erhitzten Werkstoff eingehen. Gleichzeitig vollzieht sich in dem bereits erstarrten Schmelzgut ein Glühprozeß, der die Güte der Schweißung erheblich steigert.

c) Bei der Vorbereitung von Blech- und Formeisenkanten können gegenüber der Nachlinksschweißung die *Abschrägewinkel viel kleiner gehalten* werden. Zur Abfüllung der Nahtstärke sind daher auch nur *kleinere Zusatzmengen* erforderlich.

d) Gute Beobachtungsmöglichkeit des Schmelzbades.

Bei aufmerksamer Arbeit können kaum fehlerhafte Schweißnähte vorkommen.

3. Die **Nachteile** dieser Schweißart:

a) Sie ist bei geringen Werkstoffstärken nicht anwendbar.

b) Es entsteht eine etwas rauhere Nahtoberfläche als bei der Nachlinksschweißung.

4. Die Anwendung der Nachrechtsschweißung im Stahlbau beginnt von 3 bis 4 mm Werkstoffstärke an aufwärts. Im Flugzeugbau kommt sie daher weniger in Frage. Bei der Verbindung von Nichteisenmetallen findet die Nachrechtsschweißung nur selten Anwendung.

Die Nachlinksschweißung.

1. Abb. 13 zeigt die Arbeitsweise der Nachlinksschweißung bei dünnen Blechen.

Abb. 13.
Die Arbeitsweise der Nachlinksschweißung bis 2 mm Blechstärke.

Winkel zwischen Blech und Brennerachse 80°, zwischen Blech und Zusatzstab 35°.

Die Schweißrichtung verläuft von rechts nach links. Die Brennerführung kann verschieden sein, sie richtet sich nach der Werkstoffstärke. Die Schweißflamme hat außer der Verflüssigung des Grundwerkstoffes und des Zusatzstabes die For=

mung der Nahtoberfläche herbeizuführen, was durch seitliche Führung der Flamme erreicht wird (nur bei Blechen über 2 mm Stärke).

Als vorteilhaft ist bei der Nachlinksschweißung die Erzielung glatter Nahtoberflächen anzuführen.

2. Die Verbindung von Blechen bis zu 1 mm Stärke kann auf verschiedene Arten erfolgen.

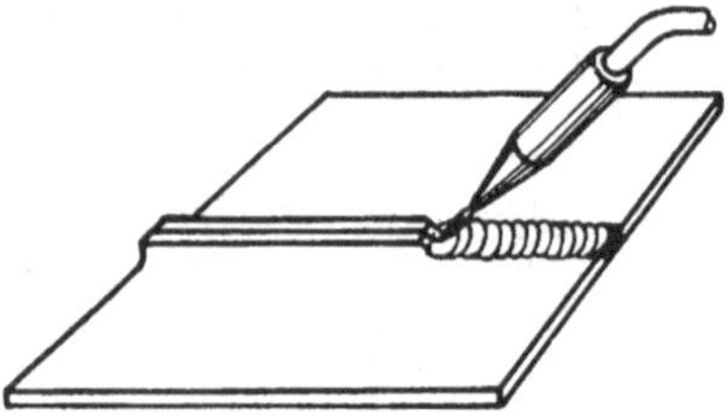

Abb. 14. Bördelschweißung.

a) Werden die zu verbindenden Werkstoffkanten wie nach Abb. 14 umgebördelt, so ist kein Zusatzdraht erforderlich. Beim Schweißen ist nur auf eine gleichmäßige Brennerführung und eine genügende Verflüssigung der Bördelkanten zu achten.

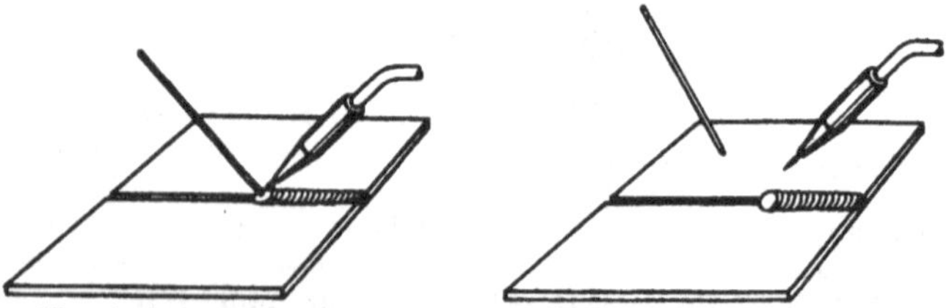

a) Zusatzstab bleibt ständig im Schmelzbad

b) Zusatzstab und Brenner sind in periodischer Folge vom Werkstück abzuheben

Abb. 15. Dünnblechschweißungen.

b) In Abb. 15 werden zwei Möglichkeiten in der Herstellung von Stumpfnähten bei besonders schwachen Blechen gezeigt.

Es ist vorteilhaft, den Zusatzstab ständig im Schmelzbad zu belassen, wie es die Abb. 15a darstellt. Während des gesamten Schweißvorganges ist streng darauf zu achten, daß die Fühlung des Zusatzstabes mit dem Schmelzbad nicht verloren geht.

Durch die ständige Verbindung der Werkstückkanten mit dem Zusatzstab findet eine gute Wärmeverteilung statt. Außerdem wirkt der Zusatzstab stabilisierend auf das Schmelzbad ein. Das Verschmoren der Kanten oder Lochbildungen im Werkstück sind bei genügender Aufmerksamkeit des Schweißers bei dieser Arbeitsweise leicht vermeidbar.

Selbst bei sehr dünnen Blechen kann ohne Gefahr eine starke Flammeneinstellung zur Erhöhung der Schweißgeschwindigkeit gewählt werden.

Die andere Art der Dünnblechschweißung kennzeichnet sich durch Tupfbewegungen des Zusatzstabes in das Schmelzbad. Sie findet Verwendung besonders bei Leichtmetallblechen.

Bei der Herausnahme des Zusatzdrahtes aus der Schmelzzone tritt eine Unterbrechung der Wärmeableitung ein, und der flüssige Werkstoff ist sich selbst überlassen. Bei der geringsten Unachtsamkeit des Schweißers sind Lochbildungen im Werkstück zu erwarten.

Es wird meistens notwendig sein, mit dem Zusatzstab gleichzeitig auch den Brenner vom Werkstück zu entfernen, um unnötige Zuleitung weiterer Wärmemengen zu verhindern.

Auf Abb. 15b befinden sich beide Elemente gerade außerhalb der Schweißzone. Sehr nachteilig wirken sich bei dieser Arbeitsweise der große Wärmeverlust und die starke Verzunderung der Schweißnaht aus.

Das wiederholte Auftreffen von Brenner und Zusatzstab an richtiger Stelle erfordert große Übung des Arbeiters; denn eine nachträgliche Korrektur ist infolge des sich rasch bildenden Schmelzbades nicht möglich.

3. Beim Verschweißen von **Blechstärken von 1 bis 2 mm** ist eine ruhige Brennerhaltung mit gleichmäßigem, dem Schmelzbad entsprechenden Vorschub in Nahtrichtung Bedingung.

Die Schweißgeschwindigkeit richtet sich nach der jeweiligen Schmelzbadbreite.

Sie ist bei großer Schmelzbadbreite größer,
bei kleiner Schmelzbadbreite kleiner.

Die Nahtbildung erfolgt durch Tupfbewegungen des Zusatzstabes in das Schmelzbad. Beim Abheben des Zusatzdrahtes ist darauf zu achten, daß durch die Schweißflamme kein Verbrennen des Drahtes eintritt (Abb. 15).

4. Bei **Blechen über 2 mm Stärke** werden mit Zusatzstab und Brenner gegenläufige, halbkreisförmige Bewegungen ausgeführt.

Das fortwährende Wandern des Brenners verursacht infolge großer Ausstrahlung erhebliche Wärmeverluste; außerdem erhält man große Nahtbreiten.

Daher wird von **4 mm Blechstärke an aufwärts** (evtl. schon von 3 mm) die Nachrechtsschweißung angewendet.

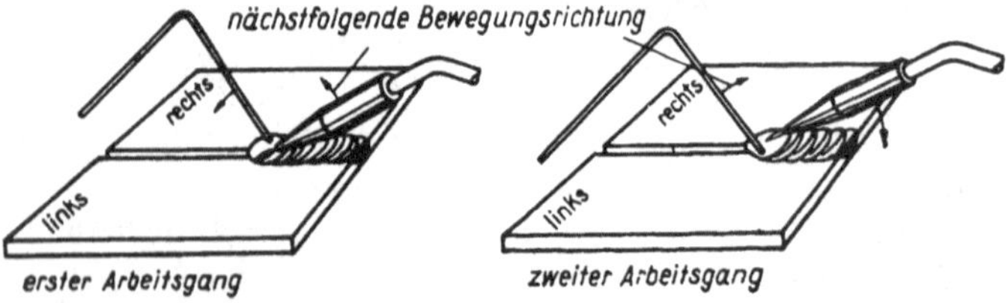

Abb. 16. Die Nachlinksschweißung stärkerer Bleche.

5. In Abb. 16 ist die Arbeitsweise der Nachlinksschweißung von stärkeren Werkstoffen erläutert.

Der Zusatzstab bewegt sich ständig im Schmelzbad und befindet sich stets der Flamme gegenüber. Ist durch Einwirkung des Brenners eine Zone verflüssigt, so wird die Schweißflamme nach der anderen Seite geschwenkt und der Zusatzstab nach der verflüssigten Zone geführt. Der Zusatzstab übt auf das Schmelzbad eine ähnliche Wirkung aus wie ein Magnet auf Eisenfeilspäne. Der Druck der Schweißflamme unterstützt weiterhin die Sammelaktion des Zusatzstabes, indem der flüssige Werkstoff in seine Umgebung getrieben wird. Kurz vor dem Erstarren der Zone, in der sich der Zusatzdraht befindet, wechseln beide Elemente ihre Plätze, und derselbe Vorgang wiederholt sich ein Stück weiter vorn auf der anderen Seite. Immer dort, wo an der Naht aufgetragen werden muß, ist zunächst mit dem Brenner eine Verflüssigung herbeizuführen. Anschließend ist der Zusatzstab so lange an dieser Stelle zu belassen, bis ein Ausgleich gegenüber der anderen Nahtseite geschaffen ist.

6. In Abb. 17 ist der **Werdegang einer Kehlnaht** von 3 bis 4 mm starkem Blech dargestellt. Bei Ausführung dieser Arbeit befindet sich ein Schenkel in senkrechter Lage. Durch entsprechende Bewegungen des Brenners und Zusatzdrahtes ist dafür zu sorgen, daß das Schmelzgut überall gleichmäßig verteilt wird. Schwächungen des Grundwerkstoffes sind auf jeden Fall zu vermeiden.

Die Brennerhaltung bildet zur Nahtrichtung einen Winkel von etwa 90°. Dadurch soll verhindert werden, daß das flüssige Metall über das unverflüssigte geblasen wird. Nach guter Vorwärmung kann mit dem Schweißprozeß begonnen werden.

In Abb. 17a befindet sich der Zusatzstab gerade am senkrechten Blech. Der Brenner wirkt auf das horizontale Blech ein; er treibt das Schweißbad nach oben. Sobald an der senkrechten

Wand eine Erstarrung eintreten will, werden beide Elemente weiterbewegt.

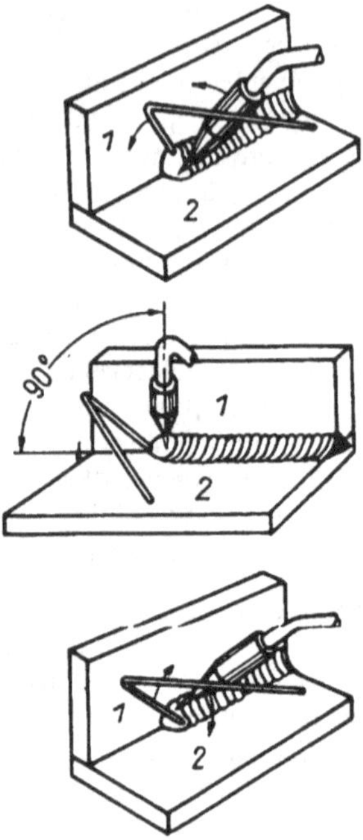

a) Erste Arbeitsfolge:
Brenner verflüssigt Nahtwurzel, Zusatz befördert Schmelzgut an Blech 1.

b) Zweite Arbeitsfolge:
Brenner und Zusatz befinden sich in der Mitte des Schmelzbades.

c) Dritte Arbeitsfolge:
Brenner verflüssigt Blech 1, Zusatz füllt Nahtwurzel.

Abb. 17. Brenner- und Zusatzstabführung bei Herstellung einer Kehlnaht an 3 bis 4 mm starken Blechen.

Abb. 17b zeigt die *zweite Arbeitsfolge*. Der Brenner und der Zusatzstab befinden sich in der Mitte der Schweißnaht.

Beim dritten Arbeitsgang nach Abb. 17c erhitzt der Brenner das senkrechte Blech, der Zusatzdraht dagegen füllt die Nahtwurzel auf. Die *Umkehr der Bewegungsrichtung* hat in dieser Stellung schneller als im entgegengesetzten Falle zu erfolgen; denn das horizontal liegende Blech benötigt größere Wärmemengen. Durch gleichzeitiges Pendeln des Brenners und des Zusatzstabes, unter ständigem Vorwärtsgehen, kommt schließlich die Naht zustande.

Neben hohen Gütewerten ist bei Auswahl der Baustoffe in erster Linie die **Schweißfähigkeit** zu berücksichtigen. Dieser Forderung konnte man erst nachkommen, als Werkstoffe entwickelt wurden, die keine oder nur eine geringe Schweißempfindlichkeit aufweisen.

A. Eisenmetalle.

Kohlenstoffstahl.

1. Steigender Kohlenstoffgehalt erhöht die Festigkeit des Stahles; vermindert aber die Dehnungsfähigkeit. Seine Härteeigenschaften werden ausgeprägter.

Niedriger Kohlenstoffgehalt macht das Eisen weich und dehnbar.

Kohlenstoffstahl enthält außerdem noch geringe Mengen an Mangan und Silizium.

2. Da beim Schweißvorgang der raschen Erhitzung des Werkstoffes die plötzliche Erkaltung folgt, ist bei Stahl mit hohem Kohlenstoffgehalt eine Versprödung der Schweißnaht unvermeidlich; denn der ganze Vorgang gleicht einem Härteprozeß. Durch mangelnde Zähigkeit ist der Werkstoff nicht in der Lage, den auftretenden Beanspruchungen infolge der Spannungen genügenden Widerstand zu leisten. Die Folgen sind meist Rißbildungen innerhalb der Schweißraupe, die man als Schweißrissigkeit oder Schweißempfindlichkeit bezeichnet. Da vor allem geringe Werkstoffstärken gegen diese Auswirkungen sehr empfindlich sind, werden im Flugzeugbau nur Stahlarten mit niedrigen Kohlenstoffgehalten verwendet.

3. Solange die Bestandteile an Kohlenstoff **0,25 v. H.** nicht übersteigen, treten beim Schweißen keine wesentlichen Schwierigkeiten auf.

Werkstoffe bis zu 0,35 v. H. Kohlenstoff, mit einer Festigkeit von 50 bis 55 kg/cm², sind nur einwandfrei schweißbar bei besonderen Maßnahmen. Beispielsweise ist durch sorgfältige Auswahl der Zusatzstoffe ein Ausgleich zu schaffen. Da jedoch das Gelingen jeder Arbeit nicht gewährleistet werden kann, wurden Sonderstähle entwickelt, die besonderen Prüfungen unterworfen wurden.

Werkstoffprüfungen auf Schweißempfindlichkeit.

1. In Abb. 18 ist das Schema der einfachen Blechschweißprobe dargestellt, womit die Schweißempfindlichkeit eines Werkstoffes geprüft werden kann. Ein größeres Stück

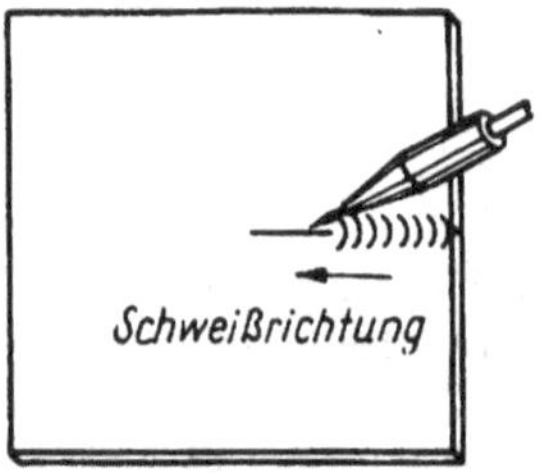

Abb. 18.
Einfache Blechschweißprobe.

Blech von 1 bis 2 mm Stärke wird bis etwa zur Mitte eingeschnitten. Die Schnittkanten sind anschließend so zu richten, daß sie genau in einer Ebene zu liegen kommen. Der Schweißvorgang beginnt am äußeren Ende des Schnittes und verläuft in Pfeilrichtung.

2. Um die zu prüfenden Werkstoffe besonders hohen Beanspruchungen auszusetzen, ist es empfehlenswert, keinen Zusatzdraht zu verwenden. Durch gute Verflüssigung der Schnittkanten ist eine innige Verbindung herbeizuführen. Schweißempfindliche Werkstoffe werden nach Erkaltung der Schweißnaht Rißbildungen aufweisen.

Wird der in Abb. 18 gezeigte Versuch mit entgegengesetzter Schweißrichtung ausgeführt, so sind die auf die Schweißnaht wirkenden Beanspruchungen wesentlich geringer. Selbst schweißempfindliche Stahle neigen dann kaum zu Rißbildungen.

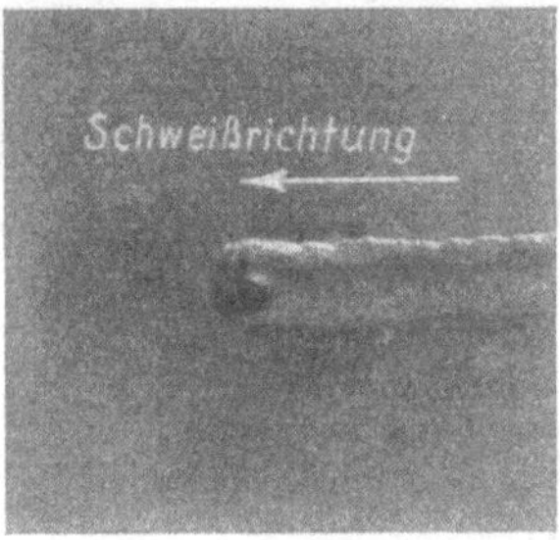

Aero 50. Naht unbeschädigt.

Kohlenstoffstahl. Naht gerissen.

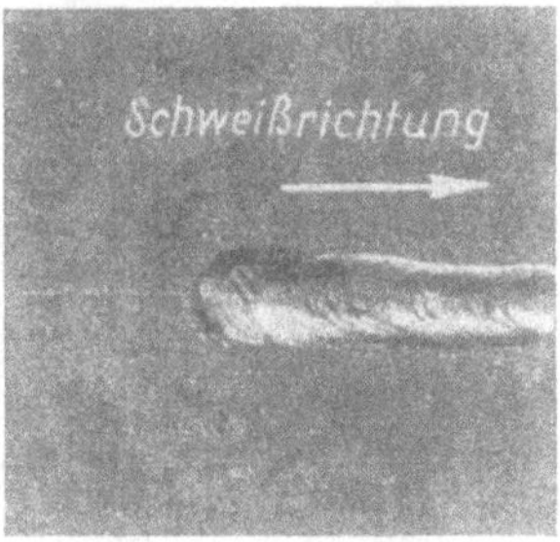

Kohlenstoffstahl. Naht unbeschädigt.

Abb. 19. Schweißproben an verschiedenen Stählen.

3. Die Proben nach Abb. 19 sind in zwei verschiedenen Stahlarten ausgeführt. Das linke Blech ist Aero 50-Stahl, die anderen Bleche dagegen bestehen aus Kohlenstoffstahl.

Aero 50 konnte rißfrei geschweißt werden. Auch das mittlere Blech zeigt keinerlei Einrisse. Beim rechten Blech dagegen sind deutlich die Auswirkungen der Wärmespannungen erkennbar (Riß in Schweißraupe). Obwohl das mittlere Blech ebenfalls Kohlenstoffstahl ist, hat es die Beanspruchungen ausgehalten, da es in entgegengesetzter Richtung geschweißt wurde!

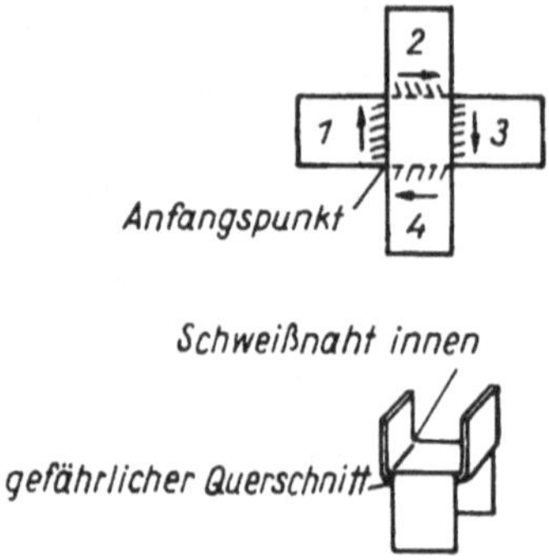

Abb. 20.
Kreuzschweißprobe von Stahlblechen.

4. In Abb. 20 ist eine Schweißprobe dargestellt, die noch höhere Anforderungen an den Baustoff stellt. Zwei Blechstreifen werden kreuzweise übereinandergelegt. Das Verschweißen geschieht in fortlaufender Richtung durch offene Kehlnähte. Die Spannungen werden mit in Schweißrichtung vorwärtsgetrieben und summieren sich am Nahtende.

Sobald das Werkstück erkaltet ist, biegt man die freistehenden Enden rechtwinklig um, so daß auf jeder Seite die Schweißnaht nach innen zu liegen kommt. Bei schweißempfindlichen Stählen sind am äußeren Biegeradius Rißbildungen unvermeidlich.

5. Da im Flugzeugbau das Stahlrohr als Bauelement eine beachtliche Rolle spielt, wird der Werkstoff auch in Form von Rohren auf seine Schweißempfindlichkeit geprüft. Die Schweißproben der Rohre bauen sich auf ähnlichen Grundsätzen

wie die der Bleche auf. Nach sorgfältigem Ausrichten der Schnittkanten erfolgt der Schweißprozeß in Pfeilrichtung, ebenfalls ohne Zusatzdraht (Abb. 21). Allerdings liegt bei der Rohrschweißprobe der Fall wesentlich günstiger, da die Rohrhälften den Verformungserscheinungen durch Einwirkung der Spannungen geringeren Widerstand bieten.

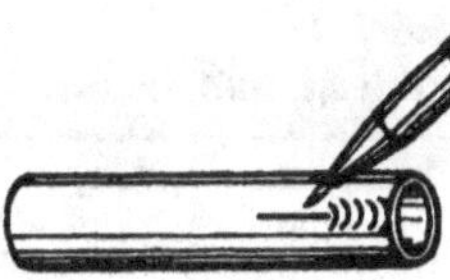

Abb. 21.
Einfache
Rohrschweißprobe.

6. Bei der Kreuzschweißprobe von Stahlrohren (Abb. 22) werden zunächst die mittleren, rechtwinklig aufeinanderstoßenden Rohre verschweißt. Nachdem die Diagonalen gut angepaßt worden sind, so daß sich die Wirkungslinien an

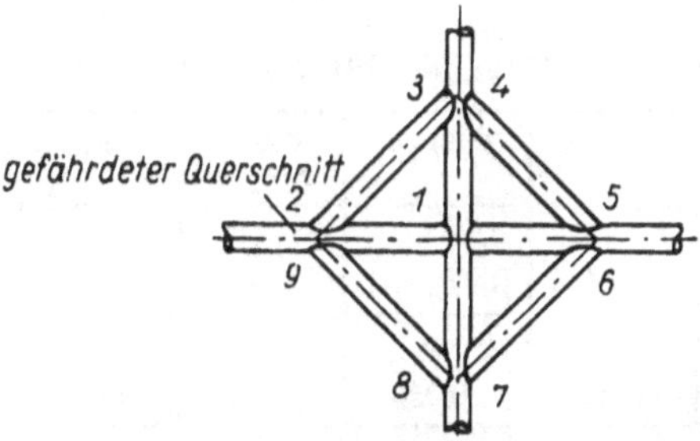

Abb. 22.
Kreuzschweißprobe
von Stahlrohren.

jeder Verbindungsstelle in einem Punkte schneiden, kann die Schweißung der Rohre in angegebener Reihenfolge vorgenommen werden. Die Spannungsspitzen treten wiederum an der letzten Verbindungsstelle auf, so daß in erster Linie diese Zone auf Risse zu untersuchen ist.

Niedrig- und mittellegierte Stähle.

1. In diese Gruppe fallen die gebräuchlichsten Flugzeugbaustähle. Außer geringen Bestandteilen an Kohlenstoff wird hauptsächlich Mangan, Chrom, Molybdän und Silizium für Legierungszwecke verwendet (vgl. die folgenden Zahlentafeln).

Zahlentafel 1:
Stähle für Flugzeugbleche und -rohre.

Marke 1110 od. 1210	Stahlart	Zustand	Streckgrenze kg/mm²	Festigkeit kg/mm²	Dehnung L=5d in %
Aero 50	Manganstahl	vergütet	mind. 30	mind. 50	mind. 20
Aero 70	Manganstahl	vergütet	mind. 45	mind. 70	mind. 12
F K 30 ~ 1450	Cr—Mo	vergütet	mind. 45	60 — 80	24 — 20

Zahlentafel 2:
Zusammensetzung von Schweißdrähten für Aero 50 und Aero 70.

Stahlart	Kohlenstoff %	Mangan %	Silizium %	Chrom %	Molybdän %
Aero 50	0,1	0,4—0,5	0,07—0,1	—	—
Aero 70	0,17—0,2	0,65	0,25	0,5—0,7	0,15—0,25

2. Zur Leistungssteigerung der Flugzeuge und Erhöhung des Sicherheitsfaktors geht man zur Verwendung von Chrom-Molybdän-Stählen über. Die Wärmeempfindlichkeit dieser Stahlarten ist bei weitem größer als die der Manganstähle.

Zahlentafel 3:
Ergebnisse von Zerreißversuchen an geschweißten Aero 70-Stahlblechen.

Blechstärke in mm	Schweißraupe	Streckgrenze kg/mm²	Zugfestigkeit kg/mm²	Dehnung δ 10 = $l = 11{,}3\sqrt{f}$	Biegewinkel in °
1,2	belassen	56	73,9	5,2 %	111
1,2	„	53	72,4	5,6 „	126
1,2	ganz abgearb.	56	75,—	4,6 „	180
1,2	„ „	58	78,2	5,— „	180
2,5	belassen	57	73,1	6,3 „	157
2,5	„	56	72,5	6,3 „	180
2,5	ganz abgearb.	58	72,—	4,— „	180
2,5	„ „	63	78,8	5,5 „	180

Der Vergleich der Nahtoberfläche von Aero 50 und Chrom-Molybdän-Stahl (Abb. 23) zeigt bei Aero 50 einen leichteren Fluß und eine ebene Raupenbildung. Die Schweißnaht des Chrom-Molybdän-Stahles zeigt dagegen ein kontrastreicheres Aussehen. Das Schmelzbad war dickflüssiger und wirkte daher vor der Erstarrung weniger ausgleichend.

Auch der Schmelzpunkt liegt bei Chrom-Molybdän-Stahl etwas höher. Bei gleichen Werkstoffstärken erfordert er eine stärkere Flammeneinstellung, wenn ein guter Fluß erreicht werden soll.

Einwandfreies Durchschweißen der Werkstücke ist ebenfalls mit größeren Schwierigkeiten verbunden. Sobald das flüssige Metall zu lange der Flammeneinwirkung ausgesetzt wird, beginnt das Schmelzbad eine kochende Bewegung auszuführen. Es erfolgt die Ausscheidung von Legierungsbestandteilen. Die sich dadurch bildende Schlacke muß unbedingt beseitigt werden, da sie die Entstehung poröser Schweißnähte begünstigt. Nach dem Erkalten der Schweißraupe sind an derartigen Stellen auch Rißbildungen wahrscheinlich.

Abb. 23. Geschweißte Rohrkörper aus Aero 50 (oben) und Chrom-Molybdän-Stahl (unten).

Hochlegierte Stähle.

Diese Stahlarten werden im Flugzeugbau nur in Sonderfällen verwendet

Unter die Gruppe der hochlegierten Stähle fallen die rostfreien und hochhitzebeständigen Stähle, z. B. V 2 A, Sichromal

(Si-Cr-Al), Nicrotherm (Ni-Si-Mn). Sie dienen zur Anfertigung von Auspuffleitungen und Auspufftöpfen. Der Aufbau dieser Stähle erfolgt größtenteils auf einer Chrom-Nickel-Basis. Bei schweißtechnischer Behandlung hat jede Überhitzung zu unterbleiben, da sich ähnliche Erscheinungen wie bei den Chrom-Molybdän-Stählen bemerkbar machen. Es ist ein Brenner geringerer Stärke zu wählen, da der Werkstoff über eine schlechtere Wärmeleitfähigkeit als normale Baustähle verfügt. Auch die Heftschweißung hat möglichst zu unterbleiben.

B. Leichtmetalle.

Die Schaffung von Leichtmetall-Legierungen höherer Gütewerte war die Voraussetzung für eine weitgehende Metallbauweise der Flugzeuge. Allerdings werden noch heute nur solche Flugzeugteile aus Leichtmetall schweißtechnischer Bearbeitung unterworfen, die untergeordneten Zwecken dienen. Alle Elemente hoher Beanspruchung werden noch immer genietet.

Reinaluminium.

1. Aluminium ist das auf der Erde am häufigsten vorkommende Metall. Seine schweißtechnische Bearbeitung ist zu hoher Vollkommenheit gediehen, obwohl die Erfahrungen der Stahlschweißung nicht ohne weiteres auf Aluminium übertragen werden konnten.

2. Die Schwierigkeiten bei der schweißtechnischen Bearbeitung des Aluminiums ergaben sich aus dem lebhaften Oxydationsbestreben des erhitzten bzw. verflüssigten Metalles. Sobald der Luftsauerstoff mit flüssigem Aluminium in Berührung kommt, wird das Schmelzbad von einer Hülle von Aluminiumoxyd umgeben.

Die Schmelztemperatur von Aluminium beträgt etwa 658° C, die der Oxydhaut dagegen 2000° C. Daraus geht hervor, daß weitere Hilfsmittel für einen reibungslosen Schweißprozeß erforderlich sind, zumal die reduzierende Wirkung der Schweißflamme nicht ausreicht, um das geschmolzene Metall vor Sauerstoffverbindungen zu schützen.

Zur Beseitigung der durch die Oxydschicht hervorgerufenen Hülle und der die homogene Struktur des Metalles störenden Trennungsschicht können zwei Wege beschritten werden.

Einmal besteht die Möglichkeit, durch geeignete Rührbewegungen des Zusatzstabes eine **mechanische Zerstörung der Oxydbildungen** zu bewirken und diese an die Oberfläche des Schmelzbades zu befördern. Diese Arbeitsweise ist jedoch unvollkommen, da eine restlose Beseitigung der Oxydhülle nicht erzielt wird.

Aussichtsreicher ist die Anwendung **chemischer Stoffe.** Geeignete Flußmittel verhindern die Bildung von trennenden Oxydschichten völlig.

3. Bevor Stähle in den flüssigen Zustand übergehen, nehmen sie verschiedene Färbungen an. Schon beim Anwärmen ist daher eine Prüfung der gleichmäßigen Wärmeverteilung auf die Werkstückhälften möglich.

Bei Aluminium dagegen erfolgt mit zunehmender Erhitzung keine Veränderung des Aussehens. Der Schweißer kann daher nur rein gefühlsmäßig die Verteilung der Wärmemengen vornehmen. Die Wärmeleitfähigkeit des Aluminiums beträgt etwa das Vierfache des Stahls, was eine starke Verlängerung der Anwärmezeit bedingt. Bei ungenügender Vorwärmung entstehen rauhe Nahtoberflächen, und der zu verbindende Querschnitt weist mangelhaft verbundene Stellen auf. Erfolgt die Erwärmung in übertriebener Weise, so nimmt die Nahtbreite zu, und die Erweichungszone wird außerordentlich groß. Dies kann zum Durchsacken erheblicher Werkstoffabschnitte führen. Sind Schweißarbeiten an Werkstücken mit stark voneinander abweichenden Abmessungen durchzuführen, so ist nur dann eine erfolgreiche Beendigung der Arbeit möglich, wenn der Schweißer über große Erfahrungen verfügt.

Nach Fertigstellung sind die Schweißnähte zunächst von den Flußmittelresten zu reinigen und dann durch Hämmern zu festigen.

Aluminiumlegierungen.

1. Durch Legierung von Reinaluminium mit geeigneten Zusätzen sind Werkstoffe entstanden, die den Eigenschaften eines stahlfesten Werkstoffes nahekommen. Bei den Legierungen ist auch zum Teil eine Steigerung der Widerstandsfähigkeit gegen Einflüsse des Wetters oder Seewassers zu verzeichnen (Korrosionsfestigkeit).

2. Die Aluminiumlegierungen unterscheiden sich in ihren Eigenarten sehr wesentlich voneinander.

Man teilt sie ein in:

vergütbare Legierungen
nicht vergütbare Legierungen.

Die zweite Gruppe ist wegen eintretender Festigkeitsverminderungen für Schweißverbindungen weniger geeignet. Zum Schweißen eignen sich vielmehr solche Werkstücke, die einer mühelosen Nachvergütung unterzogen werden können. Unter diese Gruppe fallen beispielsweise die Duraluminarten.

3. **Hydronalium** gehört zu den nichtvergütbaren Legierungen. Hydronalium ist ein stahlfester Konstruktionswerkstoff, der sich noch besonders durch hohe Korrosionsbeständigkeit auszeichnet. Vorwiegend werden aus diesem Baustoff seewasserbeständige und wetterfeste Teile gefertigt. Im weitesten Maße wird daher Hydronalium zur Beplankung von Flugzeugen verwendet.

Bei der Schweißung dieses Metalles ist eine Nachvergütung nicht erforderlich.

Bei der Bearbeitung des Hydronaliums ist besonders zu beachten:

Hydronalium darf **nicht gehämmert** werden, da sonst die Korrosionsfähigkeit herabgesetzt wird.

Hydronalium **Hy hh** darf **nicht geschweißt** werden.

4. Bei der Schweißung aller Legierungen ist stets dafür zu sorgen, daß der Zusatzwerkstoff die gleiche Zusammensetzung wie das Grundmetall aufweist. Nur dann kann die Schweißnaht ähnliche Eigenschaften wie der Grundwerkstoff annehmen.

Magnesiumlegierungen.

1. Unter diesen Legierungen versteht man Werkstoffe, die als Grundmetall Magnesium enthalten. Sie gelangen unter der Bezeichnung Elektronmetalle auf den Markt. Ihr Einheitsgewicht beträgt im Vergleich zu den Stählen, denen sie an Festigkeit wenig nachstehen, nur etwa den vierten Teil. Diese Vorzüge ließen das Metall auch im Flugzeugbau auf zahlreichen Gebieten zur Anwendung kommen.

2. Nicht alle Magnesiumlegierungen sind gleich gut schweißbar, sondern weisen sehr wesentliche Unterschiede auf. Für Schweißzwecke eignet sich besonders die Legierung **AM 503**.

Auch Gußlegierungen besitzen gute Schweißeigenschaften.

Andere Werkstoffzusammensetzungen sind größtenteils nur beschränkt schweißbar, da man nur kurze Nahtlängen ausführen kann. Wird diese Regel nicht beachtet, ist mit Rißbildungen in der Schweißnaht zu rechnen.

3. Elektron und Aluminium unterscheiden sich in den Schweißeigenschaften wenig. Allerdings ist beim Elektron das Flußmittel weit weniger entbehrlich als bei der Aluminiumschweißung. Während bei Aluminium nötigenfalls ohne Flußmittel durch mechanische Zerstörung der Oxydhaut eine Schweiß-

verbindung erreichbar ist, scheitert bei Elektronmetall dieses Verfahren nicht nur an der sich bildenden Oxydhaut, sondern vielmehr an der leichten Entzündbarkeit von Magnesiumlegierungen. Das Flußmittel hat bei derartigen Legierungen neben der Oxydhautzerstörung noch die Aufgabe, offene Verbrennung des Metalles zu verhindern.

Auf die Nachbehandlung der Elektronschweißungen, insbesondere das Eloxieren oder Beizen zur Erhaltung der Korrosionsbeständigkeit, soll an dieser Stelle nicht eingegangen werden.

Wärmespannungen.

1. Werden metallische Werkstücke Temperaturschwankungen ausgesetzt, so verändern sich ihre äußeren Abmessungen. Bei Temperatursteigerungen dehnen sich die Metalle aus, bei fallender Temperatur schrumpfen sie. Bestehen innerhalb eines Werkstückes verschiedene Temperaturen, so treten Kräfte auf, die eine Verformung des Werkstückes herbeiführen und den Werkstoff stark beanspruchen.

2. Bei jedem Schweißvorgang treten solche nachteiligen Temperaturunterschiede auf, die im gleichen Maße die Spannungen erhöhen.

Abb. 24.
Entstehung
von Wärmespannungen.

Die Flamme des Schweißbrenners (Abb. 24) wirkt auf ein dünnes Stahlblech ein. Da nur eine kleine Zone des Bleches erwärmt wird, kann sich der erhitzte Werkstoff nicht ausdehnen, er wird durch den umliegenden kälteren Werkstoff daran gehindert. Die Folge davon sind Stauchvorgänge innerhalb der stark erhitzten Zone.

Bei Erkaltung zieht sich der Werkstoff wieder zusammen. Jedoch wird das Werkstück nach einem derartigen Vorgang seine ursprüngliche Form nicht wieder annehmen; stets bleiben die Auswirkungen der Spannungen zurück.

3. Der Schweißer hat durch richtige Wahl der Arbeitsfolge und der Schweißrichtung die Spannungen in niedrigen Grenzen zu halten.

Das Rohr als Bauteil eignet sich infolge seiner gleichmäßigen Form vorzüglich für Schweißverbindungen, denn ein Spannungsausgleich ist vielfach bei sachgemäßer Arbeit herbeizuführen.

Begriff und Anwendungsformen der Gegenwärme.

1. Da die durch Schweißvorgänge hervorgerufenen Verformungen und Maßabweichungen durch einseitige Wärmespannungen entstanden sind, ist es möglich, durch Wärme den Fehler auszugleichen.

2. Ein in der Längsrichtung geschweißtes gerades Stahlrohr nimmt nach der Erkaltung der Schweißstelle eine gekrümmte Form an. Die Schweißlinie liegt dabei an dem inneren Biegeradius des Rohres. Demzufolge ist an der Schweißstelle eine Verkürzung der Rohrwandung eingetreten. Durch die linienartige Erhitzung einer Rohrwandung entstehen große Temperaturunterschiede. Bei der Erkaltung tritt an der Schweißnaht eine Schrumpfung ein, die zur Verkürzung der geschweißten Rohrseite und zur Krümmung des Rohres führt.

3. Um ein Rohr mit einseitiger Schweißnaht zu richten, genügt eine Erhitzung der zu verkürzenden Seite auf Rotglut. Diese Arbeitsweise bezeichnet man mit **Gegenwärme.**

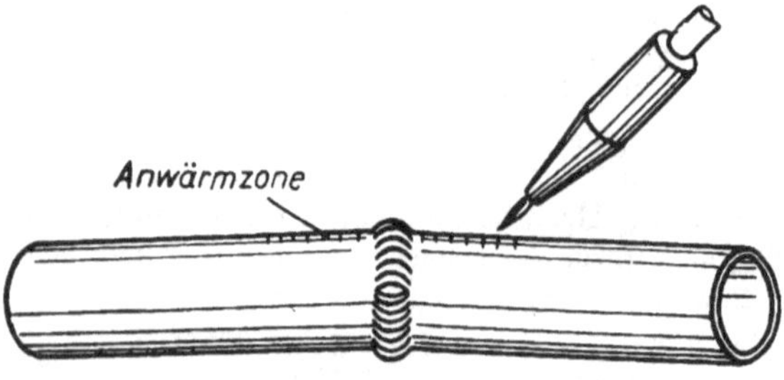

Abb. 25. Richten von Rohren mit Schweißbrenner.

4. Abb. 25 zeigt ein praktisches Beispiel für die Anwendung von Gegenwärme.

Zwei Rohrstücke sind durch eine Rohrrundnaht stumpf miteinander verbunden worden. An der Schweißstelle ist jedoch ein Knick entstanden. Die nach außen gekrümmte Seite wird mit dem Schweißbrenner auf eine längere Strecke strichartig erhitzt. Zunächst erfolgt eine Vergrößerung der Biegung. Jedoch wird durch die anschließende Schrumpfung die erwärmte Rohrseite stärker verkürzt, so daß eine richtende Wirkung eintritt.

5. In Abb. 26 ist das querliegende Rohr L mit den Längsrohren L_1 und L_2 doppel-T-artig verschweißt. Nach vollzogener

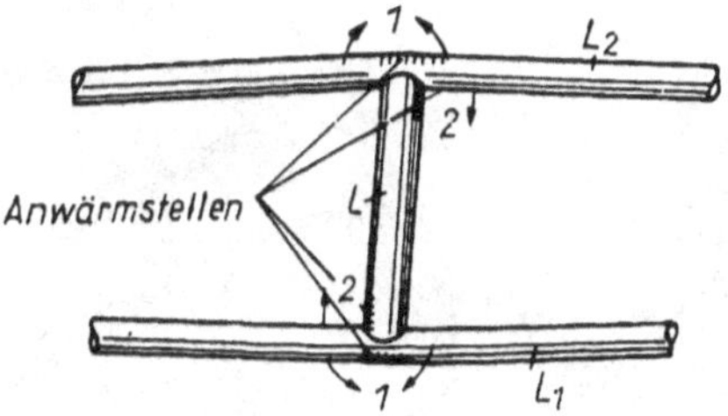

Abb. 26.
Richten
einer Rohrverbindung
mit Gegenwärme.

Verbindung ergaben sich Unstimmigkeiten, die auf der Abbildung in übertriebener Weise dargestellt sind. Auch hier ist eine Korrektur durch Gegenwärme möglich. Die Erwärmung der Rohrwandungen ist stets dort vorzunehmen, wo die größte Schrumpfung zur Erzielung rechtwinkliger Rohrlagen zu erreichen ist. Die auf Abb. 26 bezeichneten Stellen sind demzufolge strichartig zu erwärmen.

6. In der Wirkung der Gegenwärme besitzt der Flugzeugschweißer also in zahlreichen Fällen ein einfaches Hilfsmittel, nachteilige Spannungen in zulässigen Grenzen zu halten.

Befindet sich jedoch ein geschweißtes Rohrsystem unter großen Spannungen, so müssen auch bei der Anwendung von Gegenwärme Vorsichtsmaßregeln getroffen werden, damit keine Knicke an den angewärmten Rohrstellen auftreten.

Auch sind die durch Gegenwärme erreichbaren Korrekturen gewissen Grenzen unterworfen. Große Ungenauigkeiten sind keinesfalls, auch bei gesteigerter Anwärmelänge, völlig zu beseitigen.

Zusatzstabführung und Brennerhaltung bei Stahlrohrschweißungen.

1. Erfolgreiche Schweißarbeiten sind in hohem Maße von der Geschicklichkeit des Arbeiters abhängig, denn die Zusatzstabführung und die Brennerhaltung unterliegen nur seiner Beeinflussung.

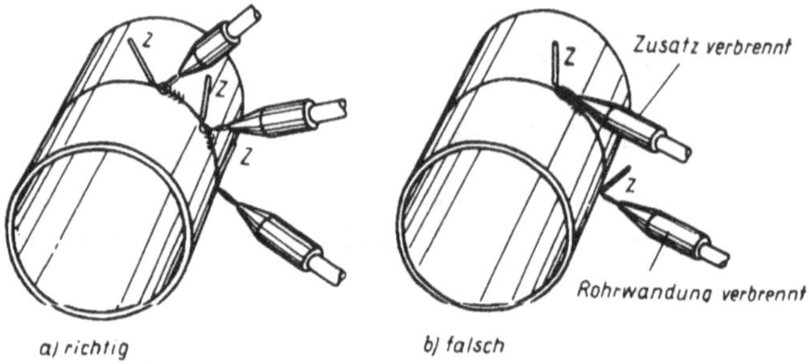

Abb. 27. Brenner- und Zusatzstabführung bei einer Rohrrundnaht.

Aus Abb. 27 ist die falsche und richtige Arbeitsweise bei der Herstellung von Rohrrundnähten zu ersehen. Vorausgesetzt wird dabei, daß der Schweißer keine weitere Hilfskraft zum Drehen des Rohres während der Schweißarbeit zur Verfügung hat.

Die Brennerführung ist gegenüber der Blechschweißung schwieriger. Es ist nicht nur eine Vorwärtsbewegung auszuführen, sondern es muß auch stets darauf geachtet werden, daß der Winkel des Flammenkegels zum Werkstück, auch bei fortschreitender Schweißung, immer der gleiche bleibt. Sofern sich der Rohrkörper leicht drehen läßt, wird die Schweißung in vier Etappen vollzogen. Der Beginn der Schweißung erfolgt jedesmal in der horizontalen Ebene und wird von da auf den höchsten Punkt der Rohrwandung hinaufgeführt. Nach erfolgter Vierteldrehung des Werkstückes wiederholt sich derselbe Vorgang von neuem.

Bei größeren Bauteilen, die nur unter erheblichen Schwierigkeiten oder überhaupt nicht gewendet werden können, ist eine Überkopfschweißung nicht zu umgehen. Die Schweißnaht wird dann in zwei Abschnitten ausgeführt. Die Anfangsstelle liegt zweimalig an dem unteren Punkt der Vertikalachse des Rohres.

2. In Abb. 27 b sind die Auswirkungen einer falschen Brennerführung zu erkennen, bei der nur die Vorwärtsbewegung des Brenners beachtet wurde. Mit fortschreitender Schweißung wird der Winkel zwischen Flammenkegel und Werkstück immer spitzer, bis schließlich an der Oberseite des Rohres nur noch eine tangentiale Berührung der Flamme mit dem Schmelzbad stattfindet. Der größte Teil der Wärme wirkt nun auf den Zusatzstab ein und oxydiert ihn lebhaft. Die erkaltete Schweißung wird niemals die verlangte Güte aufweisen. Durch die auftretenden Wärmespannungen sind Rißbildungen sehr wahrscheinlich.

3. Die Führung des Zusatzstabes richtet sich nach der Wandstärke des Rohres.

Bei dünnwandigen Werkstücken ist es empfehlenswert, den Zusatzstab ständig im Schmelzbad zu belassen. Die Wärmeverteilung wird dadurch günstig gestaltet. Weiterhin wirkt der Zusatzstab stabilisierend auf das Schmelzbad ein.

Bei stärkeren Rohrwandungen ist das periodische Abheben des Zusatzstabes vom Werkstück erforderlich, um die Rohrenden genügend verflüssigen zu können.

4. Anders gestaltet sich die Arbeitsweise bei dem in Abb. 28 dargestellten Knotenpunkt. Die Verteilung der Werkstoffmassen ist vollkommen ungleichmäßig, entsprechend ist auch die Wärmeverteilung vorzunehmen.

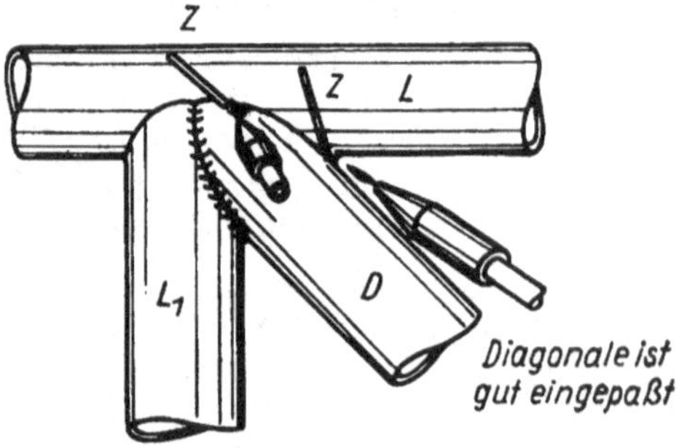

Abb. 28. Brennerhaltung und Zusatzstabführung beim Einschweißen einer gut passenden Diagonalstrebe.

Das durchgehende Rohr L vermag größere Wärmemengen als die Strebe D aufzunehmen. Die Schweißung beginnt in der Horizontalebene des Werkstückes und wird im ersten Arbeitsgang bis zur höchsten Stelle des Knotenpunktes hinaufgeführt. Im Anschluß daran wird die gegenüberliegende Seite nach Wendung des Werkstückes auf gleiche Weise behandelt.

Neben gleichmäßiger Vorwärtsbewegung des Brenners und Ausführung einer Drehbewegung der rechten Hand ist mit besonderer Aufmerksamkeit für eine gute Wärmeverteilung zu sorgen, indem bei fortschreitender Schweißung auch noch eine seitliche Bewegung des Brenners zu erfolgen hat. Wie aus Abb. 28 hervorgeht, ist anfänglich der Flammenkegel etwas mehr auf Diagonale gerichtet. Sobald der Brenner sich dem Ende der Schweißnaht zubewegt, wird die Flamme immer entschiedener dem durchgehenden Rohr zugewendet; denn die auslaufende Spitze der Diagonalstrebe verflüssigt sich außerordentlich schnell.

Bei dünnwandigen Rohren und gut eingepaßten Streben ist eine kreisförmige Bewegung der Schweißflamme nicht erforderlich.

Auch die Zusatzstabführung hat sich der Forderung nach gleichmäßiger Wärmeverteilung anzupassen. Da es sich an der Anfangsstelle der Schweißnaht um eine Kehlnaht handelt, ist das Abheben des Zusatzdrahtes aus dem Schmelzbad angebracht, damit die Nahtwurzel eine gute Verflüssigung erfährt. Sobald die Kehle in eine Überlappung übergeht, ist der Zusatzstab im Schmelzbad zu belassen und möglichst an der wärmeempfindlichen Rohrkante entlang zu führen, so daß die Wärmestrahlen nicht voll auf diese treffen.

5. Nur wenn sich die zu verbindenden Werkstoffkanten der angepaßten Rohre unmittelbar berühren, kann ein guter Wärmeausgleich stattfinden. Die sich rasch erhitzende dünne Rohrwandung überträgt die überschüssige Wärme sofort auf die kältere Masse. Befindet sich nun zwischen den zu verschweißenden Teilen ein größerer Luftraum (Abb. 29), so ist niemals ein Wärmeausgleich möglich, da die Luft ein schlechter Wärmeleiter ist.

Trotzdem mit der Schmelzbadbreite im gleichen Maße auch die Spannungen wachsen, dürfen bei derartigen Arbeiten die Gütewerte der Schweißung keinesfalls herabsinken.

Als sehr zweckmäßig hat sich die in Abb. 29 dargestellte Arbeitsweise erwiesen:

Mit dem Brenner werden ständig halbkreisförmige Bewegungen in periodischer Folge ausgeführt. Sobald ein Schmelzbad vorhanden ist, wird der Zusatzstab eingesetzt. Mit seiner Hilfe ist die Überbrückung des Luftraumes herbeizuführen. Die größte Aufmerksamkeit ist ständig der Rohrkante der Strebe zu widmen. Nimmt das Schmelzbad zu große Abmessungen an, so ist der Brenner nach vorn auf das durchlaufende Rohr zu drehen, so daß die gesamte Wärme restlos auf die größere Werkstoffmasse abgeleitet wird. Der Zusatzstab befindet sich währenddessen an der empfindlichen Werkstoffkante im Schmelzbad. Eine unachtsame Entfernung des Zusatzdrahtes aus der

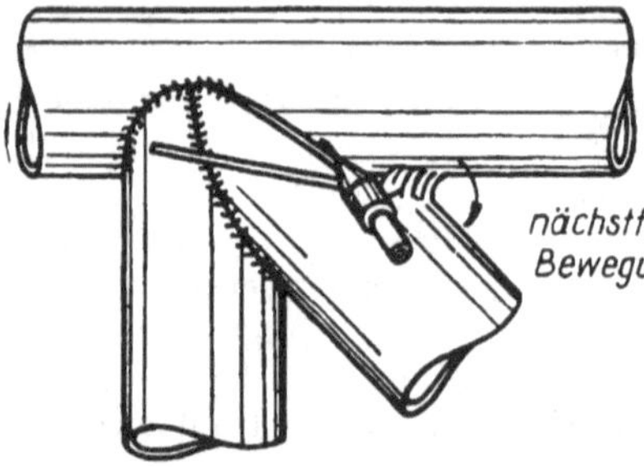

Abb. 29. Brennerhaltung und Zusatzstabführung beim Einschweißen einer schlecht passenden Diagonalstrebe.

flüssigen Zone hätte größere Lochbildungen in der Rohrwandung zur Folge. Erst nachdem eine entsprechende Verkleinerung des Schmelzbadspiegels eingetreten ist, darf der Brenner wieder zurückgeschwenkt werden.

Außerordentlich wichtig ist bei derartigen Arbeiten auch die richtige Wahl der Flammenstärke, die dem Gefühl des Schweißers überlassen werden muß.

Stumpfschweißung von Stahlrohren.

Zahlreiche in der Praxis ausgeführte Schweißversuche haben ergeben, daß bei Ausführung von Rohrrundnähten die Anordnung der Schweißnähte von großem Einfluß ist. Bei allen Versuchen wurden Rohre gleicher Abmessungen gewählt. Die Länge der an den Stirnseiten abgeplanten Stutzen betrug 500 mm.

Nach dem viermaligen Heften am Umfang der Rohre wurden sie sorgfältig ausgerichtet.

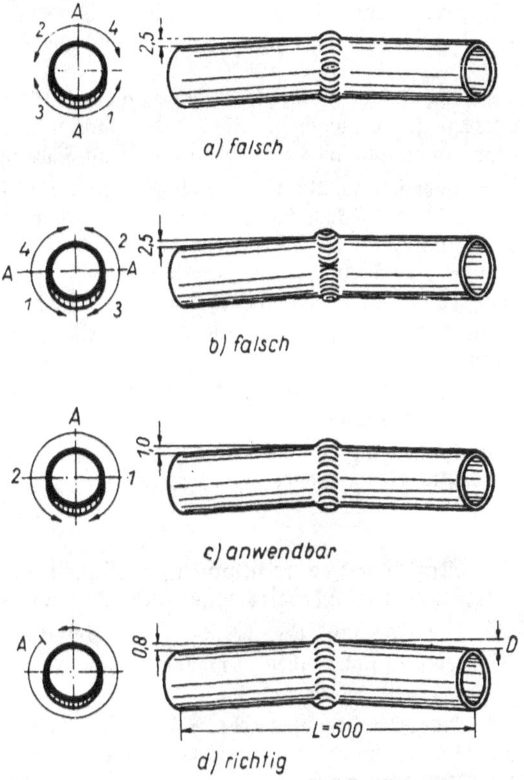

Abb. 30. Stumpfschweißung von Stahlrohren.

Aus Abb. 30 sind die verschiedenen S c h w e i ß n a h t-a n o r d n u n g e n zu ersehen.

Nach Versuch Abb. 30 a wurde die Schweißung in vier Abschnitten in der durch Pfeile markierten Richtung und in Reihenfolge der angegebenen Zahlen ausgeführt. Nach vollzogener Schweißung erwies die vorhandene Krümmung der Rohre, daß die größte Schrumpfung bei 1 und 3 eintrat.

Auch in der Schweißfolge nach Versuch Abb. 30 b sind ähnliche Werte zu verzeichnen. Es ist demnach nicht ratsam, Rohrrundnähte in vier Etappen zu schweißen.

Die Arbeitsweise nach Versuch Abb. 30 c führte zu besseren Ergebnissen. Da die Schweißung nur in zwei Abschnitten erfolgte, trat auch eine wesentliche Zeitersparnis ein. Die größte Schrumpfung konnte bei allen Ausführungen stets an der Schlußstelle der Naht beobachtet werden.

Die besten Werte wurden nach der in Versuch Abb. 30d gewählten Nahtanordnung erzielt. Die Schrumpfung verursacht keine erheblichen Verwerfungen des Werkstückes. Auch die Schweißzeiten sind kürzer!

Als Schlußfolgerung ist aus diesen Versuchen zu entnehmen, daß nach Möglichkeit die Schweißung immer nach Versuch d vorgenommen werden sollte.

Das Aufschweißen rechtwinkliger Rohrstutzen nach verschiedener Arbeitsweise und Schweißfolge.

1. Zur Untersuchung der verschiedenen Arbeitsverfahren wurden mehrere Versuchsreihen aufgestellt, deren Ergebnisse im folgenden dargestellt werden.

Um alle Maßveränderungen des Rohres L (Abb. 31) gut messen zu können, wurde bei allen Versuchen die einheitliche Länge von 500 mm gewählt.

a) Arbeitsweise nach Abb. 31.

Vor der Schweißung war das Rohr L gerade. Der Rohrstutzen S wurde rechtwinklig zu L stumpf angesetzt. Nach vollzogener Schweißung ergab sich eine Durchbiegung des Rohres L von etwa 2 **mm.**

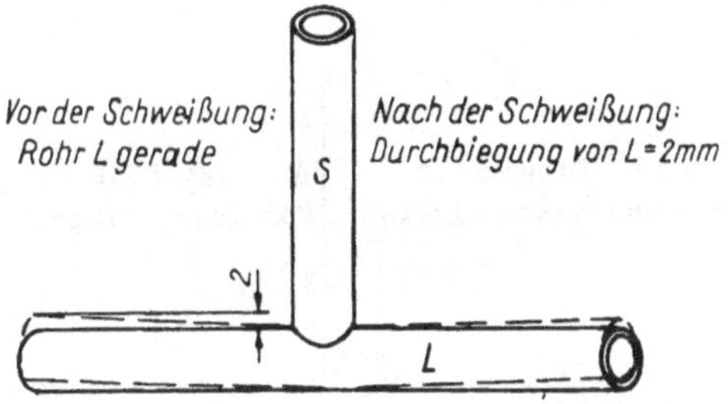

Abb. 31. Schweißung eines Rohrstutzens auf ein gerades Längsrohr.

b) Rohr L 2 mm vorgebogen (Abb. 32).

Trotz mehrmaliger Ausführungen war nach beendeter Schweißung noch stets eine Durchbiegung von 0,7 mm vorhanden. Die Verwerfung von L betrug infolge der Vorbiegung nur **1,3 mm.**

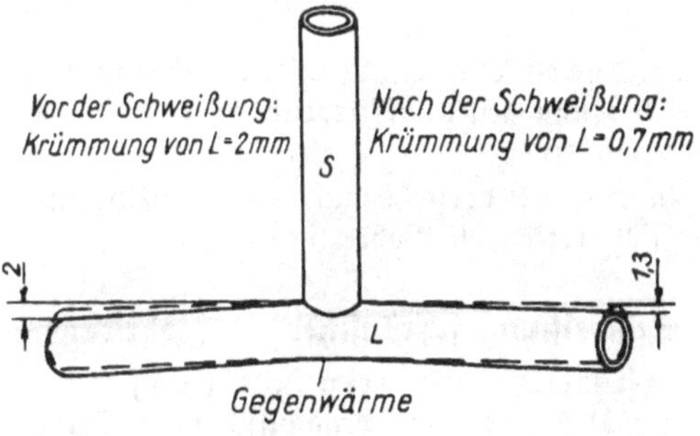

Abb. 32. Schweißung eines Rohrstutzens auf ein stark gebogenes Rohr.

c) **Rohr L 1,3 mm durch Gegenwärme vorgebogen** (Abb. 33). Nach völliger Erkaltung der Schweißstelle verlief das Rohr L gerade.

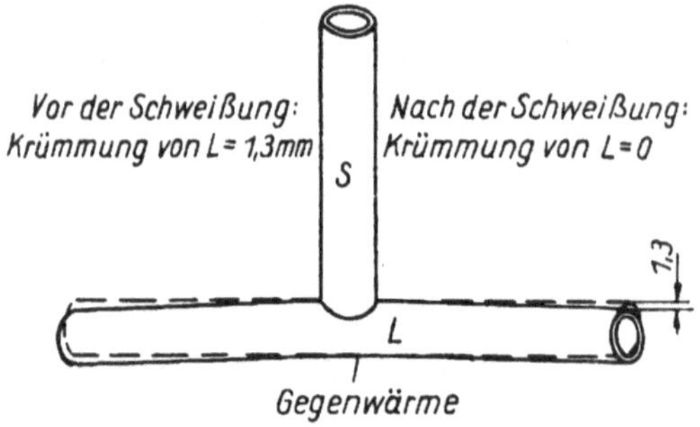

Abb. 33. Schweißung eines Rohrstutzens auf ein schwach gebogenes Rohr.

2. Eine **Versuchsreihe** ausgeführter Schweißungen ist in Abb. 34 wiedergegeben.

Aus den beiden ersten Versuchen geht hervor, daß es niemals ratsam ist, nur eine Anfangsstelle zu wählen und den Stutzen rundherum in einem Arbeitsgang zu schweißen. Neben starker Krümmung der Rohre sind auch die Winkelunterschiede beträchtlich.

Die **beste Schweißfolge** ergibt sich aus Versuch 8 (Abb. 34): **Schweißung gegenüberliegend, jeweils zum Knotenpunkt ausgeführt.**

Unter Knotenpunkt versteht man den Schnittpunkt der Mittellinien der sich treffenden Rohre.

Schweißung schrägsitzender Rohrstutzen.

Gleiche Grundsätze wie beim Verschweißen rechtwinkliger Rohrstutzen gelten auch bei schrägaufsitzenden Streben. (Vergleiche die Versuchsreihen in Abb. 35):

Verschweißung vom Knotenpunkt weg auf gegenüberliegender Seite, am stumpfen Winkel beginnend.

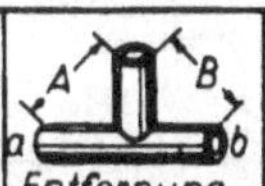

Versuch Nr.	Schweiß-folge	Zeitpunkt der Messung	Entfernung A in mm	Entfernung B in mm	Verkürzung von A und B	Gesamtverkürz.	Differenz der Verkürz. v. A u. B	Beurteilung
1		vor der	223,7	223,8	A 0,2 / 1,5 B (a–b)	1,70	1,30	falsch
		nach der	223,5	222,3				
2	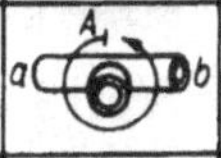	vor der	223,7	224,0	a 1,5 \ 1,0 b	2,50	0,50	ungünstig
		nach der	222,2	223,0				
3	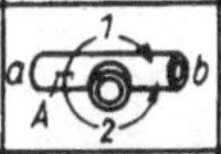	vor der	222,6	222,6	a 0,25 / 2,5 b	2,75	2,25	falsch
		nach der	222,35	220,1				
4	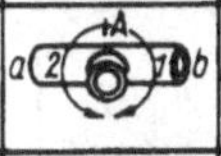	vor der	225,3	225,5	a 0,7 / 1,4 b	2,10	0,70	ungünstig
		nach der Schweißung	224,6	224,1				
5	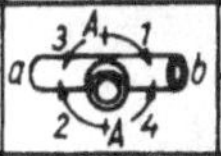	vor der	223,9	223,8	a 1,1 / 1,3 b	2,40	0,20	anwendbar
		nach der	222,8	222,5				
6	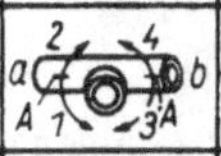	vor der	222,7	222,7	a 0,9 \ 0,5 b	1,40	0,40	anwendbar
		nach der	221,8	222,2				
7	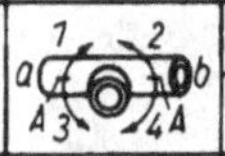	vor der	223,4	223,2	a 0,2 / 1,0 b	1,20	0,80	ungünstig
		nach der	223,2	222,2				
8	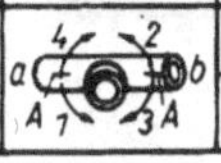	vor der	224,5	224,6	a 0,7 \ 0,5 b	1,20	0,20	gut
		nach der	223,8	224,1				

Abb. 34. Ergebnisse beim Aufschweißen von T-Stutzen nach verschiedener Schweißfolge.

Schweißung von Rohrkreuzungen.

In Abb. 36 ist ein Knotenstück mit eingezeichneter Schweißfolge dargestellt. Das durchgehende Rohr darf nach vollendeter

Schweißung keine Knickstellen aufweisen. Die aufgesetzten Rohrstutzen müssen in einer Richtung verlaufen. Um nach jedem Arbeitsgang einen Spannungsausgleich herbeizuführen, ist ein achtmaliger Schweißnahtbeginn erforderlich. Immer ist

Versuch Nr.	Schweißfolge	Zeitpunkt der Messung	Entfernung A	Differenz	Beurteilung
1	a 1 2 b	vor der Schweißung	122,0	0,9	anwendbar
		nach der Schweißung	121,1		
2	a 4 1 3 2 b	vor der Schweißung	122,0	2,2	falsch
		nach der Schweißung	119,8		
3	a 1 3 4 2 b	vor der Schweißung	122,0	1,0	richtig
		nach der Schweißung	121,0		

Abb. 35. Ergebnisse beim Aufschweißen schräg sitzender Rohre.

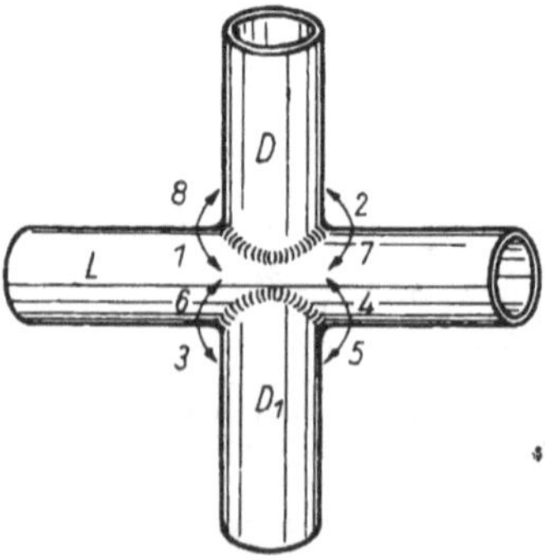

Abb. 36.
Verschweißen eines Kreuzstoßes.

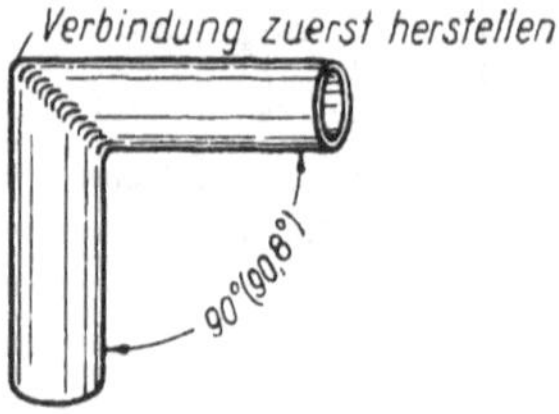

Vor der Schweißung: Winkel 90,8°.
Nach der Schweißung: Winkel 90,0°.

Abb. 37. Stahlrohreckverbindung.

danach zu trachten, daß sich gegenüberliegende Nähte in der Reihenfolge ablösen. Die Beendigung der Raupen ist niemals an Kehlstellen, sondern immer in der neutralen Zone vorzunehmen. Andere Arbeitsweisen gewähren keinen Spannungsausgleich.

Stahlrohreckverbindungen.

Das Verschweißen auf Gehrung zugearbeiteter Rohrstücke hat nach ähnlichen Richtlinien wie die vorhergehenden Arbeiten zu erfolgen. Es ist immer danach zu trachten, daß zunächst an den Stellen des Rohres eine Verfestigung vorgenommen werden muß, welche die bei der Schweißung entstehenden Spannungen nicht voll auswirken lassen. Bei dem in Abb. 37 dargestellten Rohrwinkel kommt die Schrumpfung am gesamten Nahtumfang in beträchtlichen Schwankungen zur Auswirkung. Wenn der geheftete Winkel genau 90° beträgt, so wird er nach der Schweißung stets kleiner sein. Auch dann ist diese Erscheinung zu beobachten, wenn die verschiedensten Nahtanordnungen und Schweißfolgen angewendet werden. Niemals ist der Fall zu verzeichnen, daß der innere Rohrwinkel Erweiterungen erfährt. Die Schrumpfung vermag sich an der auslaufenden Spitze nur in geringerem Maße auszuwirken als innerhalb des Rohrwinkels; denn letzterer benötigt zum Schweißen bedeutend mehr Wärme als die auslaufende Spitze. Es erscheint als zweckmäßig, die Schweißung in vier Etappen vorzunehmen, indem die spitz auslaufenden Rohrenden zuerst verbunden werden. Bei der Verfestigung des inneren Rohrwinkels muß die Schweißrichtung nach außen verlaufen, damit die Beendigung des Vorganges innerhalb der neutralen Zone erfolgen kann; denn dort verursachen die Endspannungen die geringsten Verformungen des Werkstückes. Wird nach der Schweißung auf ein bestimmtes Maß des Winkels großer Wert gelegt, so ist der innere Winkel des Rohres vor der Schweißung 0,8—1° größer zu halten.

Stahlrohreckverbindungen mit auslaufenden Streben.

1. Nach **Abb. 38** sind mit den rechtwinklig zueinanderstehenden Rohren L und L_1 gleichzeitig die Streben D und D_1 zu verschweißen.

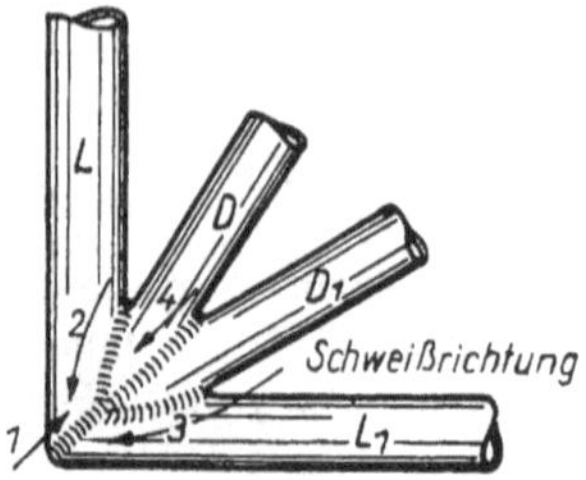

Abb. 38.
Eckverbindung
mit auslaufenden Streben.

2. Daß die gewählten Schweißrichtungen am günstigsten sind, zeigt der in **Abb. 39** dargestellte Versuch.

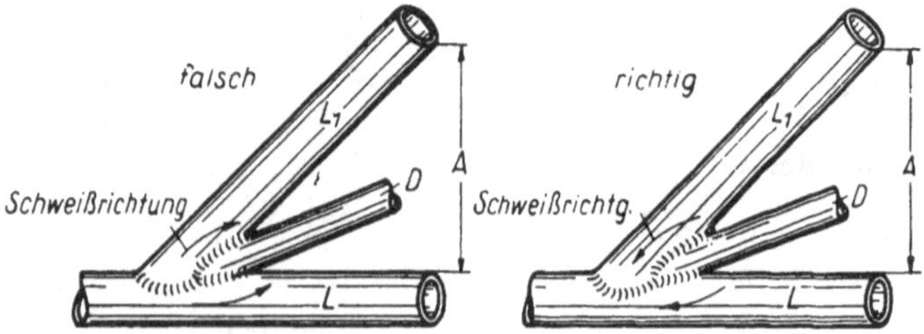

a) Vor der Schweißung von D:
Strecke A = 120 mm
Nach der Schweißung von D:
Strecke A = 117,3 mm
Differenz = **2,7 mm**

b) Vor der Schweißung von D:
Strecke A = 120 mm
Nach der Schweißung von D:
Strecke A = 118,4 mm
Differenz = **1,6 mm**

Abb. 39. Verschweißen einer Diagonalstrebe bei verschiedener Schweißrichtung.

Einschweißen von Verstärkungsblechen in Rohrsysteme.

1. Auch hier zeigen die in **Abb. 40** dargestellten Versuche besser als Worte den **günstigsten Verlauf der Schweißarbeit.**

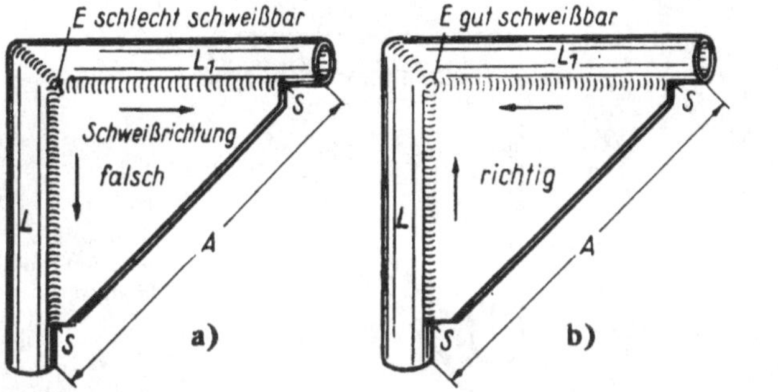

a)	Vor der Schweißung	Entfernung: A = 191 mm
	Nach der Schweißung v. $L + L_1$	Entfernung: A = 189 mm
	Nach einseitiger Schweißung d. Knotenbl.	Entfernung: A = 187 mm
	Nach doppelseitiger Schweißung d. Knotenbl.	Entfernung: A = 185,3 mm
b)	Vor der Schweißung	Entfernung: A = 191 mm
	Nach der Schweißung v. $L + L_1$	Entfernung: A = 189 mm
	Nach einseitiger Schweißung d. Knotenbl.	Entfernung: A = 188 mm
	Nach doppelseitiger Schweißung d. Knotenbl.	Entfernung: A = 187 mm

Abb. 40. Einschweißen von Verstärkungsblechen.

Die in Abb. 41 dargestellte Arbeitsweise stellt eine Kombination der in Abb. 40 gezeigten Arbeitsarten dar.

Sie hat den Vorteil, daß der Punkt E nur einmal verflüssigt wird. Auch wird die Arbeitsgeschwindigkeit größer.

Allerdings muß man eine stärkere Verformung als in Abb. 40a in Kauf nehmen.

Ein Schema der auftretenden Spannungen zeigt Abb. 42. In der gewählten Schweißrichtung sind in den Punkten S hohe Spannungen zu erwarten.

2. Die **abgeschnittene Ecke** vereinfacht den Schweißvorgang ganz beträchtlich, ohne daß eine Festigkeitseinbuße der Verbindungsstelle zu befürchten ist (Abb. 43).

Eine gute Konstruktion von Eckversteifungen ist in Abb. 165 wiedergegeben. Sie besteht aus einem U-förmig gebogenen Blech, das gut in die Rohrecke eingepaßt wurde. Da die Schweiß-

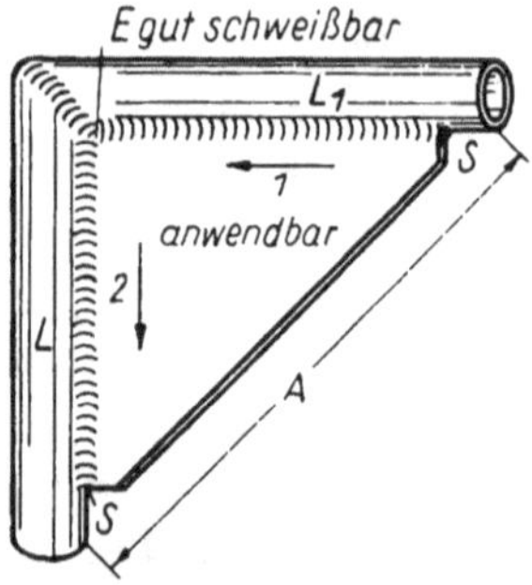

Abb. 41. Verschweißen eines Knotenbleches in einer Arbeitsfolge.

Vor der Schweißung	Entfernung: A = 191 mm
Nach der Schweißung v. L + L_1	Entfernung: A = 189 mm
Nach einseitiger Schweißung d. Knotenbl.	Entfernung: A = 187,5 mm
Nach doppelseitiger Schweißung d. Knotenbl.	Entfernung: A = 186 mm

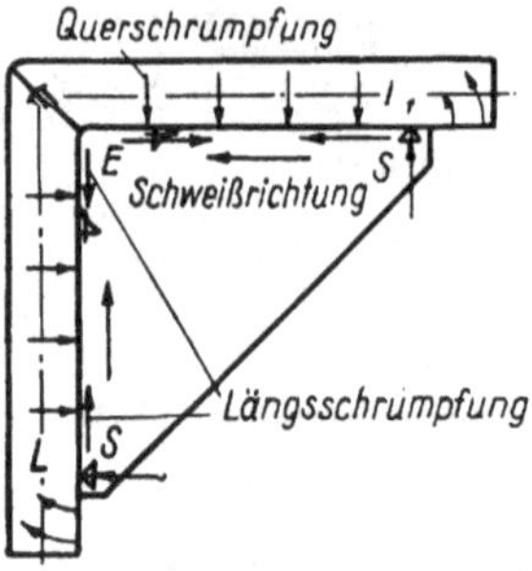

Abb. 42. Schematische Darstellung der Schrumpfung.

Abb. 43. Vorteilhafte Eckversteifung.

nähte hauptsächlich in der neutralen Zone des Rohres liegen, ist die Gefahr von Verformungen wesentlich geringer als bei anderen Ausführungen.

3. Eine weitere Konstruktion von Eckverstärkungen zeigt Abb. 44.

Das Knotenblech ist durchgehend angeordnet. Die zweckmäßigste Schweißrichtung geht aus der Abb. 44 hervor. Für einen gut passenden Sitz zwischen Rohr D und dem Knotenblech ist zu sorgen.

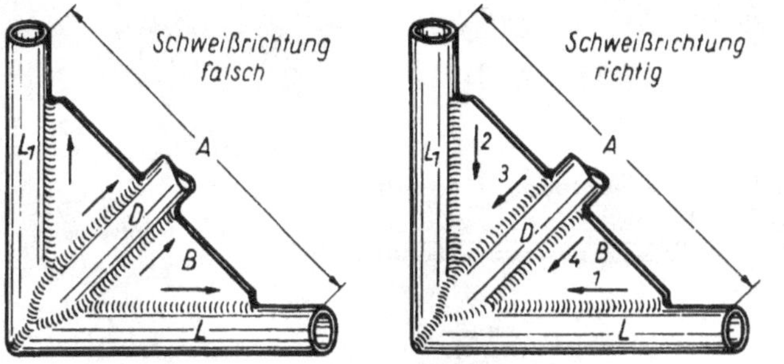

a) Vor der Schweißung:
Entfernung: A 191 mm
Nach der Schweißung
Entfernung: A 183 mm

b) Vor der Schweißung:
Entfernung: A = 191 mm
Nach der Schweißung
Entfernung: A = 186,5 mm

Abb. 44. Eckverbindung mit durchgehendem Knotenblech und übergreifender Rohrstrebe.

4. Da derartige Verbindungsstellen unbedingt **doppelseitig** zu schweißen sind, müssen nachstehende Richtlinien beachtet werden:

a) Die auf der Rückseite auftretenden Verzunderungen müssen durch Beflammung mit der scharf eingestellten Flamme gelöst und durch eine Drahtbürste entfernt werden.

Anmerkung: Um Wärmeverlust zu vermeiden, muß die Reinigungsarbeit beschleunigt werden.

b) Die Schweißrichtung muß sich mit der der Oberseite decken, um unnötig Zusatzspannungen zu vermeiden.

Anordnung und Reihenfolge der Schweißnähte zur Verhinderung von Überschweißungen.

1. Eine Schweißnaht soll nicht doppelt verflüssigt werden.

Die Legierungselemente sind immer einem gewissen Abbrand unterworfen, wodurch sich das Gefüge des Werkstoffes

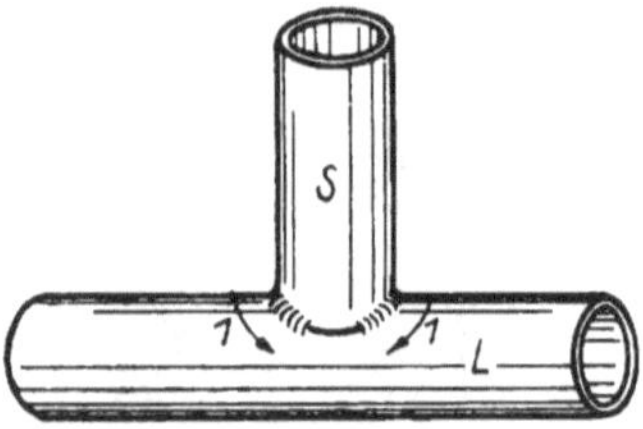

Erster Arbeitsgang.

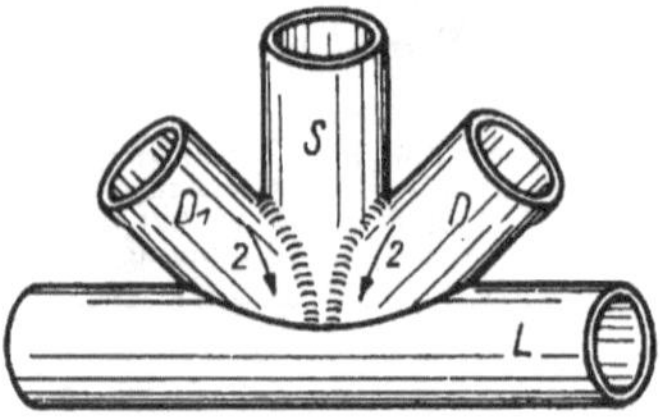

Zweiter Arbeitsgang.

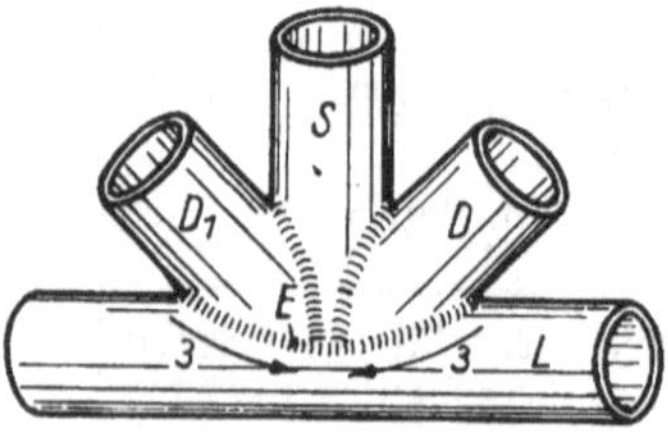

Dritter Arbeitsgang.

Abb. 15. Arbeitsfolge bei einem T-Stoß mit Diagonalstreben.

ändert. Weiterhin gelangen bei jeder neuen Verflüssigung unerwünschte Fremdstoffe in den Werkstoff, wodurch der vorhandene Gütewert eine nachteilige Beeinflussung erfährt.

Auch die Spannungen erhöhen sich bei überschweißungen und können so zu Rißbildungen führen.

Wird ein Werkstück nach der Schweißung mit der Drahtbürste gesäubert, so treten an den doppelt geschweißten Zonen deutlich Unterschiede in der Färbung der Schweißnaht auf.

2. In Abb. 45 sind die einzelnen Arbeitsphasen bei der Verfestigung eines Knotenpunktes mit mehreren Abzweigen dargestellt. Das Verschweißen des Stutzens S ist zuerst vorzunehmen. Die Schweißnaht wird dabei nur so weit ausgeführt, wie sie von den Streben D und D_1 verdeckt wird. Um eine gute Passung für D und D_1 zu sichern, ist es vorteilhaft, die Nahtenden von S entsprechend zu verjüngen. Nachdem die Streben D und D_1 beiderseitig an den Kehlstellen geheftet sind, werden die am Stutzen S liegenden Nähte ausgeführt. Bei Einhaltung der angegebenen Schweißrichtung sind keinerlei Schwierigkeiten zu befürchten. Die dritte Schweißfolge verbindet nun D und D_1 mit dem durchgehenden Rohr L. Das ungeschweißte Stück von S und die Endpunkte der vorher ausgeführten Raupen werden mit der durchgehenden letzten Naht zu einem Ganzen verschweißt. Es empfiehlt sich, die Beendigung der dritten Schweißfolge außerhalb der Mitte am Punkt E vorzunehmen, damit die ohnehin schon einige Male erhitzte Mittelzone nicht wiederum der intensiven Wärmewirkung ausgesetzt ist.

3. In Abb. 46 ist ein anderes Beispiel vorteilhafter Nahtanordnung wiedergegeben.

Wie der Reihe nach aus den dazugehörigen Skizzen zu entnehmen ist, wird nur immer die Stelle einer Strebe verschweißt, an der durch die nächstfolgenden Rohre eine überdeckung vorhanden ist. Eine Ausnahme bildet hierbei der erste

Arbeitsgang. Da der gegebene Winkel von L und L_1 geringeren Veränderungen unterliegt, muß in erster Linie die spitzauslaufende Ecke befestigt werden. Sind nun alle in den Knotenpunkt einmündenden Streben geheftet, so kann mit der endgültigen Schweißung begonnen werden. Die inneren

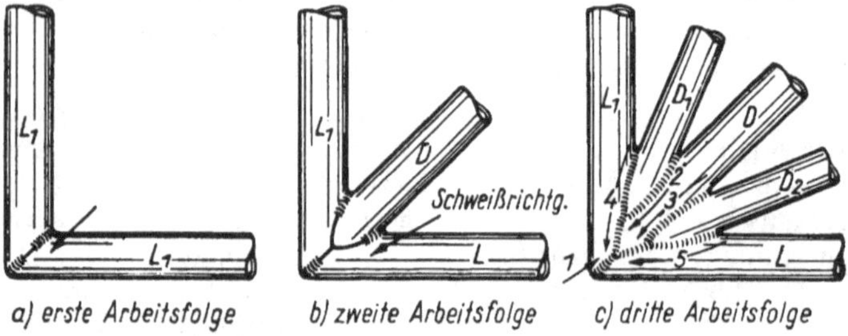

Abb. 46. Folgerichtiges Verschweißen einer Eckverbindung.

Nähte werden zuerst vollendet. Die zuletzt gezogenen Nähte müssen die Schlußstellen der vorhergehenden Schweißungen vollständig verdecken, so daß wiederum nur eine Schlußstelle sichtbar ist.

Schrumpfversuch an einem durchgehenden Rohr mit verschweißten Kreuzstutzen.

1. Die Entstehung der Spannungen ist hauptsächlich auf Werkstoffverkürzungen infolge der Schrumpfung zurückzuführen. Da die Größe der Schrumpfung von vielen Faktoren abhängig ist, läßt sie sich vorher niemals genau festlegen. Nicht nur die Arbeitsweise und die Schweißgeschwindigkeit spielen dabei eine ausschlaggebende Rolle, sondern auch der Werkstoff und die Konstruktionsform. Oft kann an fertigen Schweißarbeiten beobachtet werden, daß die Abmessungen des Werkstückes wesentliche Verkleinerungen aufweisen. Bei größeren Schweißkonstruktionen, wie Triebwerkgerüsten oder Stahlrohrrümpfen, wo nach der Verbindung die Anschlußenden festgelegte Maßeinheiten aufweisen müssen, sind die Schrumpfungen auf jeden Fall in Rechnung zu ziehen.

Die nachfolgenden Beispiele wollen dem Schweißer vor Augen führen, wann Schrumpfungen eintreten und wie verschiedenartig sie sich auswirken.

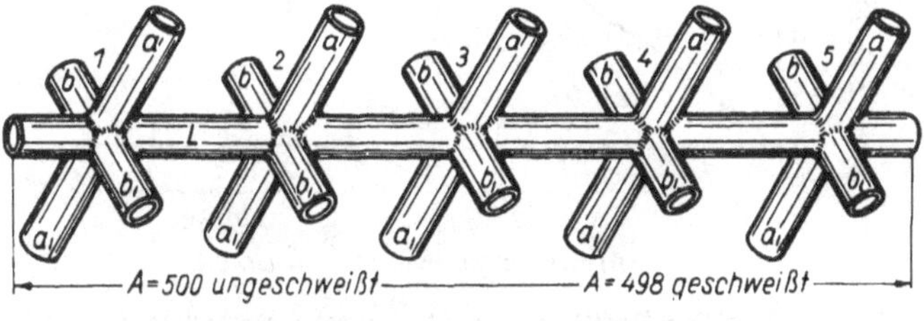

Abb. 47. Schrumpfversuch an einem durchgehenden Rohr mit aufgeschweißten Kreuzstößen.

2. Der erste Versuch wurde nach Abb. 47 durchgeführt. Das durchgehende Rohr L besaß vor jeder Wärmebehandlung die genaue Länge von 500 mm. Das Ausschweißen der kreuzförmig angesetzten Stutzen erfolgte auf zwei Arbeitsgänge. Zunächst wurde die vollständige Verbindung der Rohre a und a_1

mit dem Rohr L hergestellt. Nach dem Erkalten der einzelnen Knotenpunkte wurde jedesmal die Länge A von Rohr L neu ermittelt. Aus den Ergebnissen, die in Abb. 48 graphisch dargestellt sind, ist zu entnehmen, daß jeder Knotenpunkt gleiche Schrumpfwerte zu verzeichnen hatte; denn stets machte sich eine Verkürzung von 0,4 mm bemerkbar. Anschließend wurden die Stutzen b und b_1 mit den bereits verfestigten Teilen verschweißt. Nach der Fertigstellung und vollständigen Verschweißung aller Knotenpunkte zeigte das Rohr L in der Längenabmessung kaum irgendwelche Veränderungen.

Als Schlußfolgerung ist aus diesem Vorgang zu entnehmen, daß eine weitere Schrumpfung deshalb unterblieb, weil durch die vorher angeschweißten Stutzen das Rohr L eine außerordent-

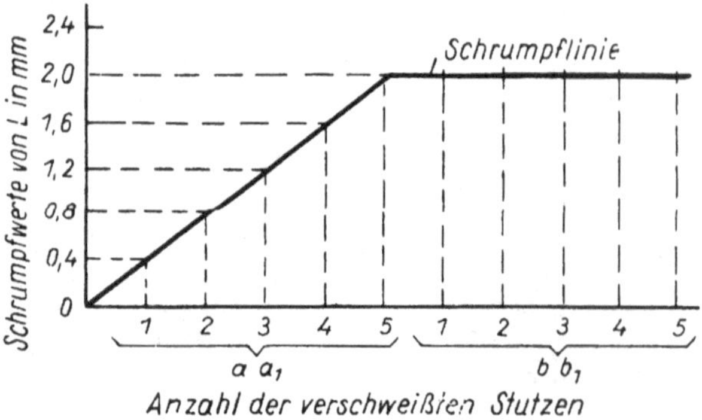

Abb. 48. Graphische Darstellung der Schrumpfwerte von dem in Abb. 47 angeführten Versuch.

liche Verfestigung erfahren hatte. Ferner veränderten sich die Abmessungen von Rohr L auch deshalb nicht mehr, weil sich nur bei der ersten Erhitzung eines Rohrquerschnittes eine ausgiebige Verkürzung bemerkbar macht. Der Knotenpunkt ist gewissermaßen ausgeschrumpft.

In der graphischen Darstellung (Abb. 48) deutet die nach der ersten Hälfte waagerecht verlaufende Kurve trotz weiterer Schweißstellen die gleichbleibende Länge von L an. Würde beispielsweise zwischen den vorhandenen Knotenpunkten eine weitere Schweißung vorgenommen, so ist auf jeden Fall mit neuen Verkürzungen des Rohres zu rechnen.

Schrumpfversuch an einem Gurtrohr mit mehreren Abzweigen.

Wie verschiedenartig die Schrumpfung zur Auswirkung kommt, beweist das folgende Beispiel. Abb. 51 zeigt den fertigen Knotenpunkt; die vorhergehenden Abbildungen (49 und 50) veranschaulichen verschiedene Arbeitsstadien. An das Gurtrohr L

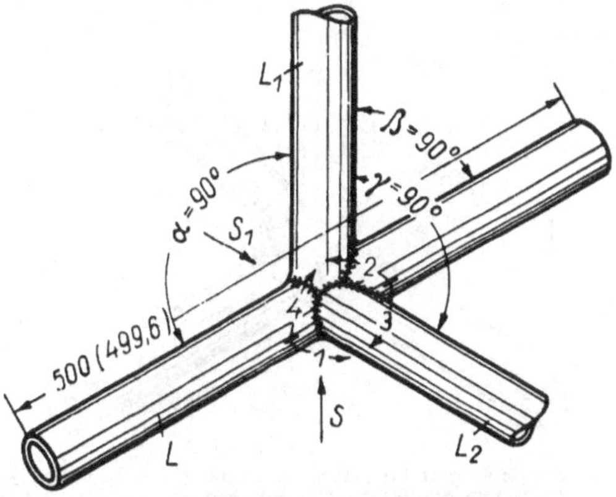

Abb. 49. Längsrohr mit T-Stutzen (die eingeklammerten Zahlen sind die Entfernungen nach der Schweißung).

mit der ursprünglichen Länge von 500 mm wurden nacheinander mehrere stumpfanstoßende Rohre verschweißt. Aus der nach jedem Arbeitsgang ermittelten Rohrlänge von L ist zu entnehmen, daß die Schrumpfwerte starken Schwankungen unterliegen. Da die im Knotenpunkt einmündenden Streben nacheinander verschweißt werden sollen, wurden zunächst die Rohre L_1 und L_2 mit dem Gurtrohr verbunden. Nach der Anbringung von L_1 machte sich eine starke Durchbiegung von L bemerkbar. Sobald jedoch L_2 mit den vorher verschweißten Teilen nach der in Abb. 49 festgelegten Arbeitsfolge verbunden war, ging die Krümmung des Rohres L beträchtlich zurück. Kam vor der Schweißung an den Punkten S und S_1 etwas Gegenwärme zur Anwendung, nahm das Rohr L seine ursprüngliche gerade Form wieder an. Die Schrumpfung beträgt nach diesem Arbeitsgang etwa 0,4 mm.

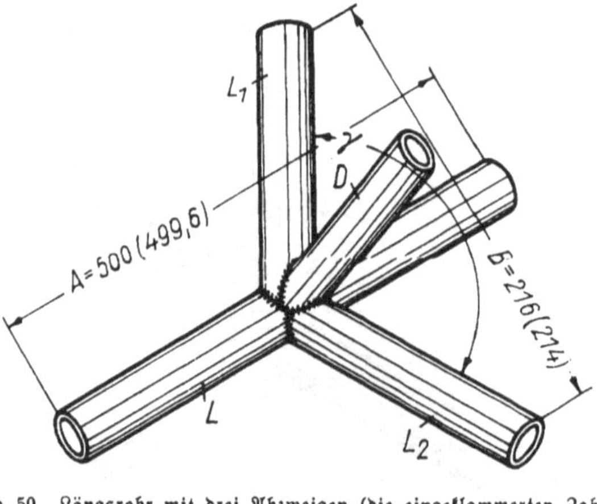

Abb. 50. Längsrohr mit drei Abzweigen (die eingeklammerten Zahlen sind die Werte nach der Schweißung).

Die dritte Messung des Rohres L erfolgte, als die Strebe D verschweißt war. Eine erneute Schrumpfung von L konnte nicht festgestellt werden. Dafür hatte jedoch die Entfernung B eine Verkleinerung erfahren; aus Abb. 50 sind die Werte zu entnehmen.

Eine weitere Verkürzung von L ist erst nach der Schweißung von D_1, D_2, D_3 und D_4 zu ermitteln. Beim fertiggestellten Knotenpunkt ist das Rohr L um etwa einen Millimeter kürzer

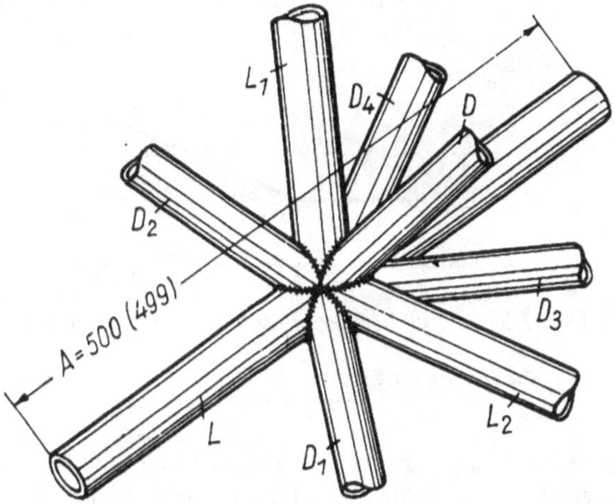

Abb. 51. Längsrohr mit mehreren Abzweigen (die eingeklammerten Zahlen sind die Werte nach der Schweißung).

geworden. Wenn nun an der gegenüberliegenden Seite des vorhandenen Knotenpunktes dieselben Streben nochmals verschweißt würden, dürfte nach dem Vorgang kaum eine Längenveränderung von L feststellbar sein. Da mit **zunehmenden Massen gleichzeitig die Widerstandskräfte den Schrumpfungen gegenüber wachsen,** unterbleibt die freie Auswirkung von Werkstoffverkürzungen. Außerdem ist das Rohr durch die vorangegangene Schweißung fast ausgeschrumpft. Die Spannungen erfahren dagegen eine beträchtliche Erhöhung.

Aus der graphischen Darstellung der Schrumpfwerte (Abb. 52) des vorstehenden Knotenpunktes geht hervor, daß nur dann mit großen Werkstoffverkürzungen zu rechnen ist, wenn die Rohrwandungen noch keinerlei Wärmebehandlung erfahren haben.

Die größte Schrumpfung erfolgte beim ersten Arbeitsgang, weil da noch so gut wie keine Gegenkräfte vorhanden waren. Die Strebe D konnte keine Schrumpfung von L verursachen, denn die Schweißnaht entfällt vollkommen in die schon einmal

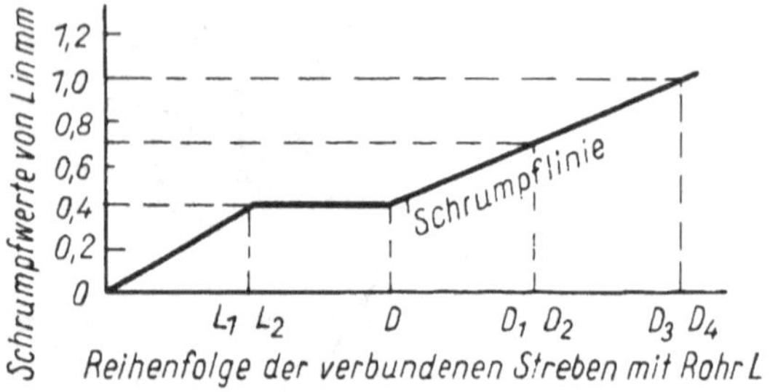

Abb. 52. Graphische Darstellung der Schrumpfwerte des Knotenpunktes nach Abb. 51.

erhitzte Zone. Erst die Diagonalstreben, die seitlich an L_1 und L_2 angreifen, rufen neue Verkürzungen der Entfernung A hervor, denn die Schweißnähte greifen auf unverfestigte Rohrwandungsteile über.

Schrumpferscheinungen bei Gitterkonstruktionen.

1. Werden in einem geschlossenen Kräfteverband Schweißungen vorgenommen, so wirken sich die Schrumpfungen in anderer Weise aus, als wenn es sich um frei bewegliche Teile handelt. An Hand der folgenden Beispiele wird auf verschiedene Gitterträger eingegangen. Um die Schrumpfungen beim Werdegang der Strahrohrsysteme nach jedem Arbeitsgang zu erfassen, wurden die Messungen in dichter Folge vorgenommen. Bei allen Konstruktionen wurde nicht nur die Schrumpfung der Ober- und Untergurte ermittelt, sondern auch die Höhenveränderungen des Trägers.

2. Der erste Versuch erfolgte bei dem in Abb. 53 dargestellten Gitterwerk. Es handelt sich hierbei um eine Trägerform, die bei Nietkonstruktionen vielfach zu finden ist. Die Rohre L und L_1 erhielten die genaue Länge von 500 mm.

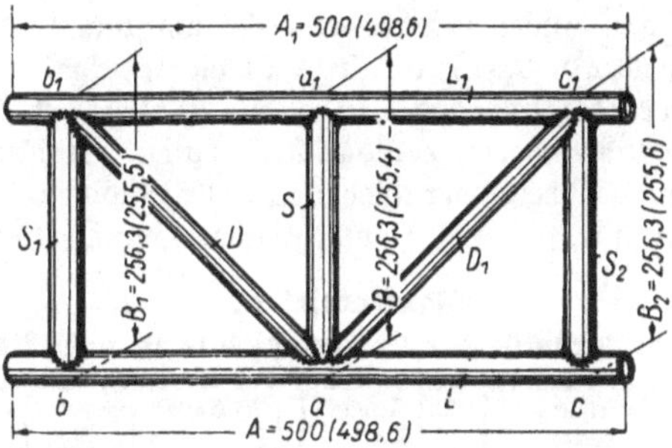

Abb. 53. Schrumpfwerte einer Gitterkonstruktion (die eingeklammerten Zahlen sind die Werte nach dem Schweißvorgang).

Um unnötigen Verwerfungen der Ober- und Untergurte vorzubeugen, kam an den Punkten a bis c und a_1 bis c_1 Gegenwärme zur Anwendung. Anschließend wurden die senkrechten Distanzrohre S bis S_2 mit den Längsgurten verschweißt. Da an allen Schweißstellen gleiche Voraussetzungen herrschten, ist außer geringen Krümmungen gegenüber den Schweißstellen nichts Außergewöhnliches zu beobachten. Mit Gegenwärme wurden die an den Punkten a bis c und a_1 bis c_1 hervorgerufenen Unebenheiten einigermaßen ausgeglichen.

Sobald jedoch die Streben D und D_1 verschweißt sind, treten erhebliche Deformationen des Gitterwerkes ein. Durch die oberhalb des Punktes a verschweißten Massen erfolgt eine starke Verkürzung der inneren Rohrseite. Da am gegenüberliegenden Punkt a_1 keine Massen entgegenwirken, wird die einseitige Formveränderung in beträchtlicher Weise begünstigt; die Durchbiegung des Trägers ist daher unvermeidlich. Die Schweißstellen der äußeren Diagonalenden weisen unterhalb der Punkte b_1 und c_1 ähnliche Erscheinungen auf, wie sie vorher an der mittleren

Verbindungsstelle beobachtet werden konnten. Schließen sich nun bei einem längeren Träger noch mehrere derartiger Felder an, so dürfte nach beendeter Schweißung die gesamte Konstruktion in der Höhe wellenförmig verlaufen.

Da die Spannungen infolge der Schrumpfungen hauptsächlich die Distanzrohre S bis S_2 belasten, ist die Knickgefahr für diese Rohre außerordentlich hoch. Die in **Zahlentafel 4** wiedergegebenen Zahlenwerte ermöglichen einen Einblick in die Schrumpfung während verschiedener Arbeitsstadien. Die Entfernungen A und A_1 weisen eine gleichmäßige Verkürzung auf,

Zahlentafel 4:
Schrumpfergebnisse der Gitterkonstruktion nach Abb. 53.

Zeitpunkt der Messung	Entfernung von A	Entfernung von A_1	Verkürzung von A	Verkürzung von A_1	Entfernung von B_1	Entfernung von B	Entfernung von B_2	Verkürzung von B_1	Verkürzung von B	Verkürzung von B_2
Vor der Schweißung	500	500	—	—	256,3	256,3	256,3	—	—	—
Nach der Schweißung von Stegrohr S	499,6	499,6	0,4	0,4		255,–	—	—	0,3	—
Nach der Schweißung von $S_1 + S_2$	499,–	499,–	0,6	0,6	255,8	255,9	255,8	0,5	0,1	0,5
Nach der Schweißung von $D + D_1$	498,6	498,6	0,4	0,4	255,5	255,4	255,6	0,3	0,5	0,2

dagegen gestalten sich die Schrumpfwerte der Abmessungen B, B_1 und B_2 verschieden. Wenn auch vielleicht ein Teil des Unterschiedes durch Ungenauigkeiten im Anpassen der Rohre zu suchen ist, so erscheint doch eine verschiedenartige Auswirkung der

Schrumpfung innerhalb des Rohrsystemes als begründet. Zunächst wirkt auffallend, daß B_1 und B_2 beim ersten Arbeitsgang eine größere Verkürzung als B erleiden. Höchstwahrscheinlich ist es auf die kurz hinter dem Knotenpunkt aufhörende Rohrlänge L und L_1 zurückzuführen, indem der Rohrquerschnitt an den Schweißstellen weniger Widerstand als in der Mitte des Rohres bietet. Die Verformung ist deshalb um so größer.

Daß im Träger schon nach dem Verschweißen der äußeren Stege geringe Spannungen vorhanden sind, läßt sich aus der erneuten Verkürzung von B entnehmen. Diese kann nur eine Folge von Spannungen sein; denn das Distanzrohr S wurde einer weiteren Erwärmung nicht ausgesetzt.

Nach vollzogener Schweißung der Streben D und D_1 erfährt das Gitterwerk nicht nur in der Höhe eine Verkürzung, sondern auch die Länge des Trägers ist der weiteren Schrumpfung ausgesetzt. Nach erfolgter Schweißung unterliegt die Entfernung B der stärksten Veränderung; denn die auftretenden Spannungen erzeugen Druckkräfte, die im Rohr S am meisten zur Geltung kommen. Würden die äußeren Distanzrohre ebenfalls von zwei Diagonalen eingeschlossen, dann dürfte deren Verkürzung dem mittleren Rohr entsprechen.

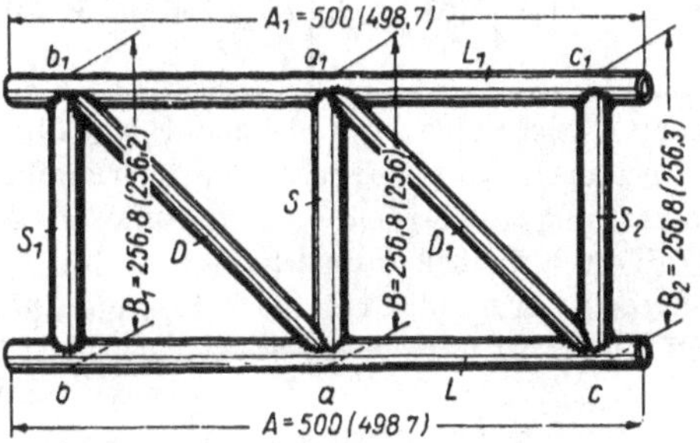

Abb. 54. Schrumpfversuch an einer Gitterkonstruktion
(die eingeklammerten Werte sind die Entfernungen nach der Schweißung).

3. Bei der Fertigung der Konstruktionen nach Abb. 54 wurde nach ähnlicher Arbeitsweise verfahren. Durch die einseitige Anordnung der Diagonalrohre ist eine bessere Massenverteilung gewährleistet. Während bei der ersten Konstruktion die Massen zickzackartig verteilt sind, ist bei der vorliegenden Bauweise an allen Verbindungsstellen die gleiche An-

Zahlentafel 5:
Schrumpfergebnisse der Gitterkonstruktion nach Abb. 54.

Zeitpunkt der Messung	Entfernung von A	Entfernung von A_1	Verkürzung von A	Verkürzung von A_1	Entfernung von B_1	Entfernung von B	Entfernung von B_2	Verkürzung von B_1	Verkürzung von B	Verkürzung von B_2
Vor der Schweißung	500	500	—	—	256,8	256,8	256,8	—	—	—
Nach der Schweißung von Steg S	499,6	499,6	0,4	0,4	—	256,5	—	—	0,3	—
Nach der Schweißung von S + S_1	499,—	499,—	0,6	0,6	256,5	256,4	256,5	0,3	0,1	0,3
Nach der Schweißung von D + D_1	498,7	498,7	0,3	0,3	256,2	256,—	256,3	0,3	0,4	0,2

zahl von Rohren vorhanden, wenn man sich das Gitterwerk an den Enden fortgesetzt denkt. Werden die Schrumpfwerte einer näheren Betrachtung unterzogen, so ist festzustellen, daß sich die Ergebnisse fast in denselben Grenzen wie bei der ersten Konstruktion bewegen. Das mittlere Rohr S zeigt wiederum die stärkste Verkürzung; sie wird durch das Verschweißen der beiden Diagonalstreben hervorgerufen. Die äußeren Distanzrohre würden ähnliche Schrumpfungen aufweisen, wenn an beiden Verbindungsstellen ebenfalls Streben einmündeten.

4. Das in Abb. 55 dargestellte Gitterwerk bildet eine beliebte Konstruktion, wie sie vielfach an Stahlrohrrümpfen zu finden ist. Weshalb gerade diese Form des Gitterträgers bevorzugt Anwendung findet, soll im nächsten Abschnitt besprochen werden.

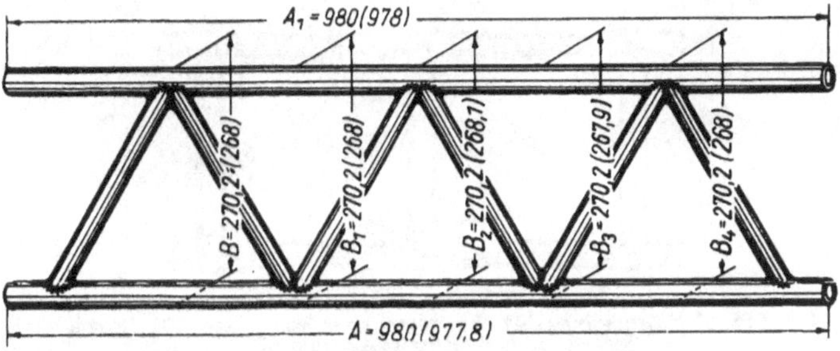

Abb. 55. Schrumpfversuch an einer Gitterkonstruktion (die eingeklammerten Zahlen sind die Werte nach dem Schweißvorgang).

Aus den in Abb. 55 angegebenen Schrumpfwerten ist zu entnehmen, daß sich die Höhe des Trägers nach der Schweißung durchschnittlich um 2,2 mm verkleinert hat. Wenn auch dieser Wert als sehr reichlich hingenommen werden muß, so liegen doch an allen Knotenpunkten völlig gleiche Voraussetzungen zugrunde. Ferner ist als sehr bedeutungsvoll anzusehen, daß man die Verbindung aller Streben in einem Arbeitsgang erreicht, ohne Gefahr zu laufen, daß längere Nahtstücke durch übergreifende Rohre nicht verschweißt werden können. Gerade durch diesen Umstand gestalten sich auch die Spannungsverhältnisse entschieden günstiger.

Bei der Entfernung A konnte eine etwas größere Verkürzung als bei A_1 ermittelt werden. Obwohl an Rohr L und L_1 die gleiche Anzahl von Rohrenden einmünden, wirkt sich die Schrumpfung bei Rohr L stärker aus. Eine Erklärung dieser Tatsache ist darin zu finden, daß am unteren Rohr eine Schweißstelle mehr vorhanden ist.

Betrachtung von Gitterträgern aus Stahlrohr nach schweißtechnischen Gesichtspunkten.

Es bedarf eines gründlichen Studiums seitens des Konstrukteurs, um eine „schweißgerechte", d. h. den Anforderungen der Schweißtechnik entsprechende Bauform zu finden.

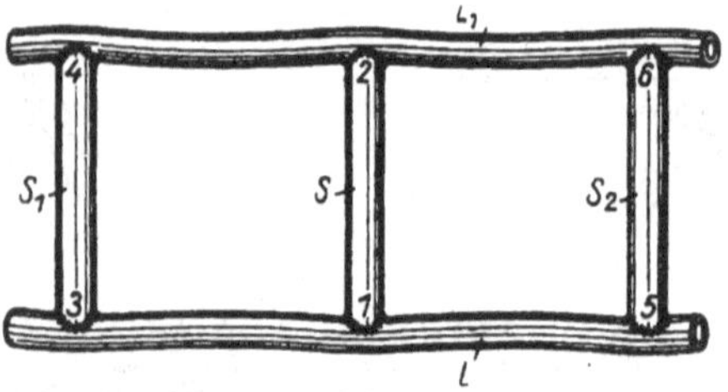

Abb. 56. Verwerfung der Gurtrohre nach dem ersten Arbeitsgang bei der Herstellung der Gitterträger nach Abb. 58 und 60.

1. Abb. 56 zeigt den ersten Arbeitsgang bei der Herstellung der Gitterträgerform nach Abb. 58 und 60. Die versetzte Arbeitsfolge der einzelnen Verbindungsstellen wirkt sich vorteilhaft dahingehend aus, daß die auftretenden Verwerfungen einen guten Ausgleich erfahren und daher größere Unstimmigkeiten der geschweißten Teile vermieden werden. Nach Beendigung dieses Arbeitsganges treten in den Feldern Krümmungen nach innen auf.

Das Verschweißen der Diagonalrohre wird nach der in Abb. 57 angegebenen Reihenfolge vorgenommen. Da die inneren Knotenpunkte einer Konstruktion stets zuerst verbunden werden müssen, wird zunächst die Diagonale am Rohr S und L verschweißt. Nach beendeter Schweißung tritt durch die Schrumpfung abermals eine beträchtliche Verkürzung an der inneren Rohrseite von L ein. Da die äußeren Enden der Diagonalen erst nach völliger Erkaltung des mittleren Knotenpunktes geschweißt werden dürfen, wirken augenblicklich den Durchbiegebestrebungen des Trägers keinerlei Kräfte entgegen. Die Folge ist ein erheblicher Höhenunterschied zwischen den festgelegten Punkten N, P und O. Außerdem sind an den Schweißstellen 9 und 10 größere Luftzwischenräume durch die Schrumpfungen am Untergurt entstanden. Dieser Abstand der Rohre an den Verbindungsstellen muß durch Zusatzgut überbrückt werden. Von Schwierigkeiten in der Bearbeitung abgesehen, erzeugt ein

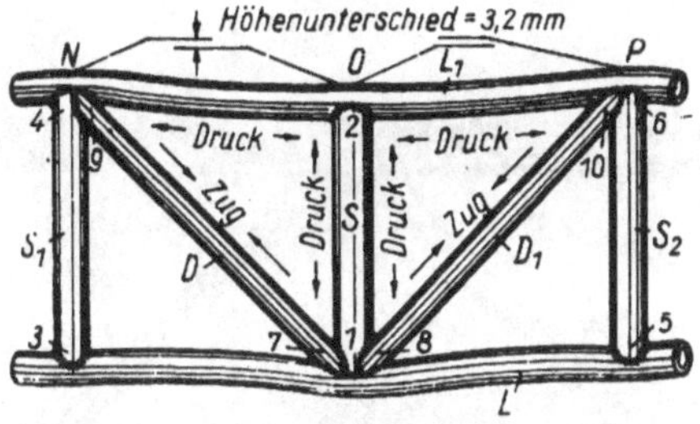

Abb. 57. Kräftewirkung der Spannungen nach vollendeter Schweißung der Konstruktion I.

größeres Schmelzbad auch erhöhte Spannungen. Sobald nun Punkt 9 und 10 verfestigt sind, treten die Spannungen im geschlossenen Kräfteverband auf. Die hohen Zugkräfte innerhalb der Diagonalen wirken einerseits unmittelbar, andererseits über den Obergurt auf das Rohr S, das starken Druckkräften ausgesetzt wird.

Der praktische Nachweis dieser Kräfte wird nach dem in Abb. 58 dargestellten Versuch erbracht. Der vollkommen verschweißte Gitterträger wurde an den mit Pfeilen markierten Stellen zu gleicher Zeit auf helle Rotglut erwärmt. Da der Widerstand im Werkstoff der Distanzrohre auf diese Weise beseitigt wurde, konnten sich die im Träger vorhandenen Spannungen frei auswirken. Aus Abb. 58 ist deutlich zu entnehmen, daß das mittlere Distanzrohr die größte Stauchung erfahren hat, indem sich an der erwärmten Rohrzone eine starke Wulst gebildet hat. Die äußeren Rohre zeigen dagegen kaum sichtbare Verkürzungen, ein Zeichen dafür, daß die Druckspannungen dort weitaus geringer waren.

2. Weit bessere Voraussetzungen bietet der Gitterträger nach Abb. 59. Die Fertigung setzt sich wiederum aus zwei Arbeitsgängen zusammen. Da im vorliegenden Falle zuerst die Distanz-

rohre geschweißt wurden, ergeben sich zunächst dieselben Unstimmigkeiten wie bei der ersten Konstruktion. Das Verschweißen der Diagonalen wird ebenfalls zuerst an dem mittleren Stegrohr vorgenommen. Allerdings besteht hierbei ein wesentlicher

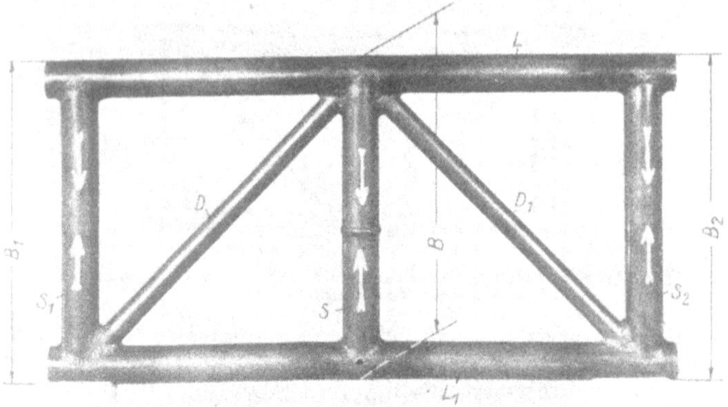

Vor Erwärmung der Distanzrohre.		**Nach Erwärmung der Distanzrohre.**	
Entfernung:	B = 255,4 mm	Entfernung:	B = 254,0 mm
"	B_1 = 255,5 "	"	B_1 = 255,3 "
"	B_2 = 255,6 "	"	B_2 = 255,4 "

Abb. 58. Untersuchung des verschweißten Gitterträgers I auf Spannungen.

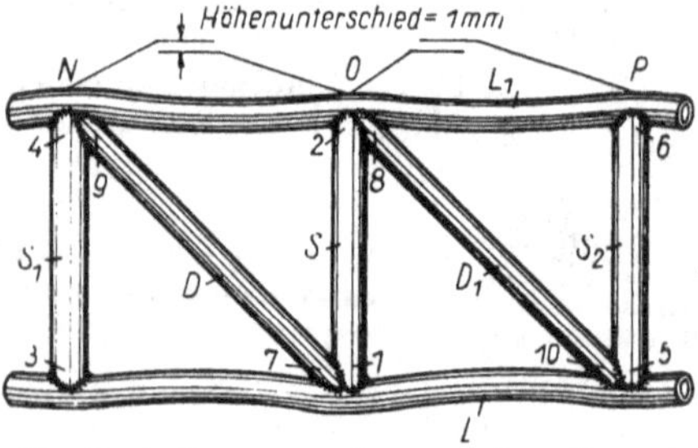

Abb. 59. Durch Spannungen hervorgerufene Verwerfungen des geschweißten Gitterträgers II.

Unterschied gegenüber dem vorigen Beispiel. Es kommt jetzt je eine Schweißstelle an dem Ober- und Untergurt zu liegen, ohne daß auf die völlige Erkaltung der vorherigen Schweißstelle gewartet werden muß. Bei der in Abb. 59 zugrunde gelegten Schweißfolge ist die am anderen Rohrende der Diagonale befindliche Schweißstelle stets in einem Maße erkaltet, daß die Gefahr einer Schrumpfung zu gleicher Zeit an beiden Rohrenden als beseitigt angesehen werden kann. Der festgestellte Höhenunterschied an den Punkten N, P und O ist bei dieser Bauform wesentlich geringer als bei der ersten.

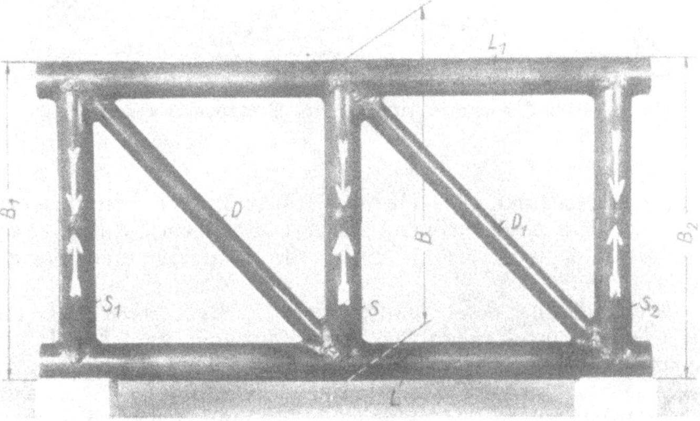

Vor Erwärmung der Distanzrohre.		Nach Erwärmung der Distanzrohre.	
Entfernung:	B = 256,0 mm	Entfernung:	B = 255,4 mm
„	B_1 = 256,2 „	„	B_1 = 255,8 „
„	B_2 = 256,3 „	„	B_2 = 255,9 „

Abb. 60. Untersuchung des geschweißten Gitterträgers II auf Spannungen.

Der Spannungsnachweis, der in Abb. 60 in gleicher Weise wie bei der vorigen Bauform erbracht wurde, ergibt, daß sich die Stauchungen aller drei Distanzrohre fast in gleichem Größenwert bewegen.

3. Da die Distanzrohre in der Bauform nach Abb. 61 in Wegfall gekommen sind und und die Kräfte nur von Diagonale

zu Diagonale übertragen werden, herrschen wesentlich einfachere Spannungsverhältnisse. Von großer Bedeutung ist auch, daß man die Schweißung der Konstruktion in e i n e m Arbeitsgang vornehmen kann, ohne Gefahr zu laufen, größere Nahtlängen

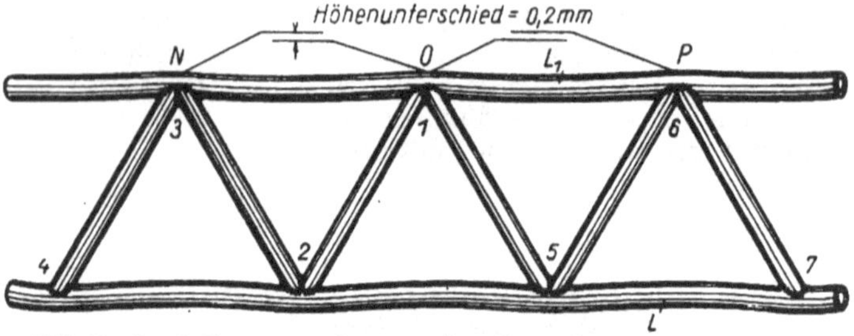

Abb. 61. Durch Spannungen hervorgerufene Verwerfungen des geschweißten Gitterträgers III.

durch überdeckung des folgenden Rohres nicht schweißen zu können. Wird ein Rohrsystem mehrere Male dem Schweißprozeß ausgesetzt, so trägt dies zu einer erheblichen Spannungssteigerung bei.

Nachdem alle Knotenpunkte geheftet sind, wird mit der Schweißung des Trägers an einem mittleren Knotenpunkt begonnen. Die Reihenfolge der Schweißungen ist wie in Abb. 61 zu wählen. Durch die wechselseitige Erwärmung des Ober- und Untergurtes ist ein ausgezeichneter Spannungsausgleich herbeizuführen. Als vorteilhaft wird dabei die völlig gleiche Verteilung der Massen empfunden. Es ist durchaus nicht verwunderlich, daß zwischen den Punkten N, P und O nur ein sehr geringer Höhenunterschied festzustellen ist, denn die Konstruktionsform bot die Voraussetzungen hierfür. Der Durchbiegewert von etwa 0,2 mm läßt darauf schließen, daß die Trägerform den denkbar geringsten Veränderungen unterliegt. Würde man nach vollendeter Schweißung von Punkt 1, gleichzeitig an den Punkten 2 und 5 beginnend, beide Seiten des Trägers in Außenrichtung verschweißen, so dürfte nach erfolgter Verbindung eine noch größere Genauigkeit des Trägers festzustellen sein.

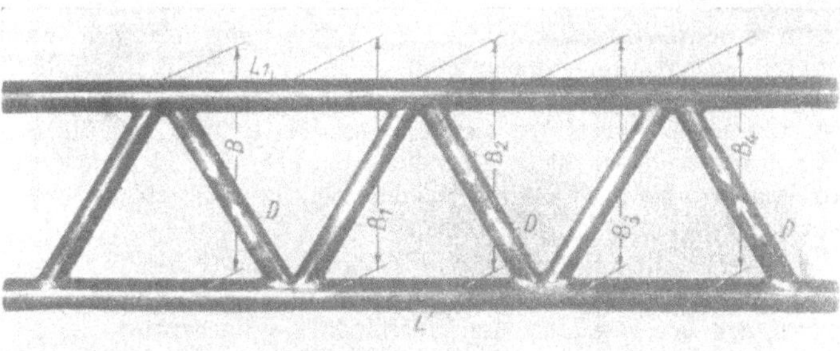

Vor Erwärmung der Distanzrohre D.		Nach Erwärmung der Distanzrohre D.	
Entfernung:	B = 268,0 mm	Entfernung:	B = 267,8 mm
„	B_1 = 268,0 „	„	B_1 = 267,8 „
„	B_2 = 268,1 „	„	B_2 = 267,8 „
„	B_3 = 267,9 „	„	B_3 = 267,7 „
„	B_4 = 268,0 „	„	B_4 = 267,7 „

Ab. 62. Untersuchung des geschweißten Gitterträgers III auf Spannungen.

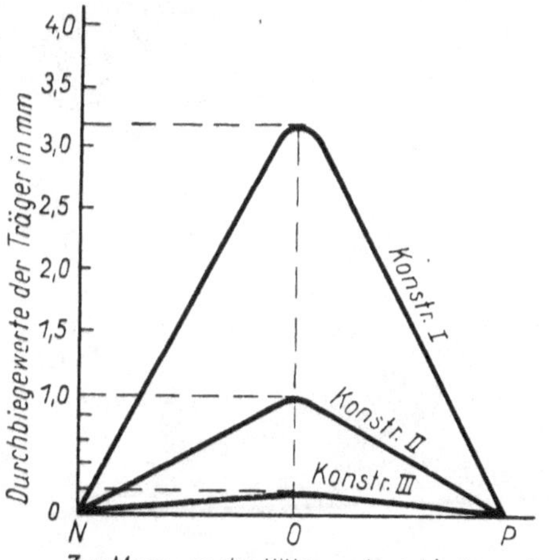

Abb. 63. Schematische Darstellung der Durchbiegewerte der Konstruktionen I bis III.

In Ermangelung der senkrechten Distanzrohre erfolgte diesmal die Erwärmung an den in Abb. 62 mit Pfeilen markierten Diagonalrohren. Aus den kaum sichtbaren Ausbeulungen und den kleinen Stauchwerten geht einwandfrei hervor, daß sich die Spannungen in den niedrigsten Grenzen bewegen. Die gesamte Konstruktion besitzt durch die kleinen Spannungswerte nur eine sehr geringe Vorbelastung.

4. Sehr aufschlußreich ist die graphische Darstellung der Abb. 63, die eine vergleichende Zusammenstellung der Verformungen der gezeigten Konstruktionsarten wiedergibt.

Die schweißtechnische Fabrikation von Beschlägen ist von verschiedenen Umständen abhängig. Handelt es sich um Serienherstellung, so ist weitgehend von zweckentsprechenden Bauvorrichtungen Gebrauch zu machen. Viel schwieriger gestaltet sich dagegen die Einzelherstellung; denn der Bau von geeigneten Vorrichtungen ist niemals lohnend. Der Schweißer ist daher auf seine eigene Geschicklichkeit und Erfahrung angewiesen, um allen Forderungen gerecht zu werden. Die folgenden Beispiele sind aus der Praxis entnommen. Sie sollen dem Schweißer Anhaltspunkte über erfolgreiche Arbeitsverfahren geben.

Praktische Winke zur Herstellung von Verkleidungsblechen und Rohrkörpern.

1. Die Herstellung von Verkleidungsblechen erfolgt oft dadurch, daß einzeln gefertigte Teile durch Schweißung zu einem Ganzen verbunden werden.

Sind keine Einspannvorrichtungen vorhanden oder ist ihre Anwendung unmöglich, so müssen die Einzelteile zunächst geheftet werden.

Um Verformungen zu vermeiden, ist beim Heften nach Abb. 65 und **nicht** nach Abb. 64 zu verfahren. Es kommen dabei die Vorteile der Rechtsschweißung zur Geltung.

Vor Beginn der Heftung sind die Bleche mit entsprechendem Zwischenraum parallel zueinander zu legen. Verkleinert sich nach den ersten Verbindungsstellen der Luftzwischenraum, so sind die letzten Heftpunkte leicht abzuhämmern. Wird der Abstand der beiden Blechkanten zu groß, so müssen die vorhergehenden leicht gehämmert werden.

Verlaufen die Werkstoffkanten an der zu verbindenden Stelle nicht in einer Ebene, so ist ein Ausgleich durch Gewichtsbelastungen des hervorstehenden Bleches zu erreichen, ohne daß dabei der Schweißer eine Hilfskraft benötigt.

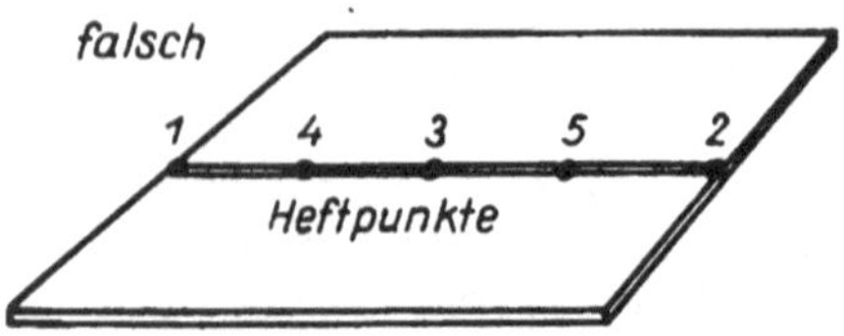

Abb. 64.
Heften
dünner Bleche.

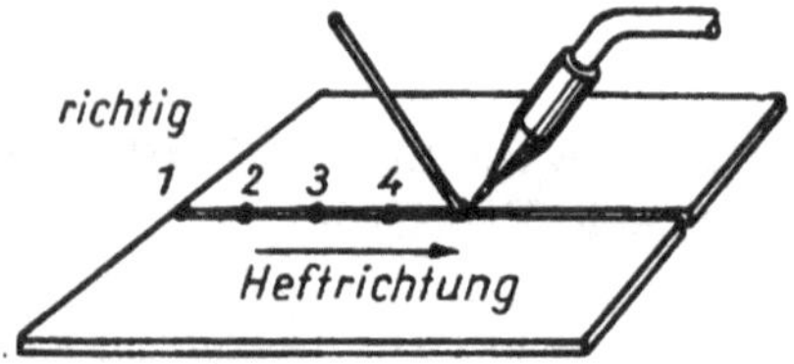

Abb. 65.
Heften
dünner Bleche.

Die Heftstellen sind entsprechend der Blechstärke in so dichter Folge zu setzen, daß beim Schweißen zwischen den Heftpunkten keine Ausbeulungen der Kanten zu befürchten sind.

Nach beendeter Heftung hat vor der Schweißung das Ausrichten der gesamten Nahtlänge zu erfolgen.

Abb. 66.
Heften von
Rohrlängsnähten.

2. Bei Anfertigung von **Auspuffrohren** und sonstigen Behältern ist bei Heftung der Längsnähte nach Abb. 66 zu verfahren. Infolge der Wölbung der zu verbindenden Teile ist die

Einhaltung eines gleichmäßigen Luftraumes zwischen den Kanten mit weniger Schwierigkeiten als bei der Heftung von Blechen verbunden.

Die Fertigung eines einfachen Holmbeschlages (Abb. 67).

Wichtig ist die Einhaltung des geforderten Abstandes der Seitenbleche, damit die Distanz auch tatsächlich mit der Holmbreite übereinstimmt. Weiterhin dürfen die Bleche nicht gegeneinander verschoben sein; denn sonst ist eine einwandfreie Montage sehr in Frage gestellt.

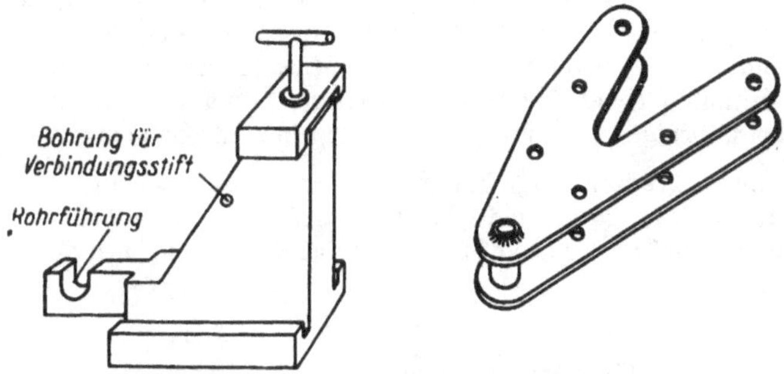

Abb. 67. Bauvorrichtung zum Verschweißen eines Holmbeschlages.

Ist die Schweißung des Beschlages ohne Hilfsvorrichtungen durchzuführen, so sind nach jedem Arbeitsgang die Abmessungen auf ihre Richtigkeit zu prüfen; insbesondere ist diese Maßnahme nach dem Heften erforderlich. Da diese Fertigungsmethode sehr zeitraubend ist und die Genauigkeit trotzdem noch zu wünschen übrig läßt, ist es zweckmäßiger, zum Verschweißen des Beschlages eine geeignete Bauvorrichtung zu verwenden. Diese gewährleistet nicht nur eine Erhöhung der Arbeitsleistung, sondern verbürgt auch die Herstellung austauschbarer Beschlagteile. Die in Abb. 67 dargestellte Vorrichtung wurde den Erfordernissen der Schweißung entsprechend gebaut.

Die Holmbleche werden mit einer Knebelschraube fest in Führungsnuten gepreßt. Die Verbindungsbuchse kommt in eine Rohrführung zu liegen. Sie verhindert das seitliche Verrutschen der Holmbleche. Zur weiteren Sicherheit sind die Bleche mit der Vorrichtung noch durch einen leicht herausnehmbaren Stift verbunden.

Die Arretierung zu verschweißender Teile in der Bauvorrichtung ist nur dann mit Schrauben vorzunehmen, wenn durch Klemmen oder Bolzen nicht genügend Sicherheit gegen Maßveränderungen gewährleistet ist. Bei Anwendung von Schrauben müssen diese vor dem Einbringen in die Schweißlehre gut mit Graphitbrei eingestrichen werden, damit nicht durch die einwirkende Wärme die Schraubenmutter festbrennt. Auch für Befestigungsbolzen und andere wärmeempfindliche Teile ist es sehr zweckmäßig, sie mit einer Graphitschutzschicht zu versehen.

Damit während des Schweißens dem Schmelzbad nicht unnötig Wärme entzogen wird, ist die Lehre unterhalb der Verbindungsstelle beidseitig abgearbeitet worden.

Abb. 68. Holmbeschlag in der Lehre.

Wenn das Blech mit der Lehre unmittelbar in Berührung stände, käme nur ein mangelhafter Fluß zustande, denn ein großer Teil der Wärme würde in die Vorrichtung abgeleitet.

Das unbedingt erforderliche Durchschweißen wäre auf keinen Fall erreichbar.

Abb. 68 zeigt den Holmbeschlag in der Schweißvorrichtung.

Bau einer Knüppel-Steuerung.

Beim Verschweißen der einzeln gefertigten Teile der in Abb. 69 dargestellten Steuerung kommt es darauf an, daß der Schweißer mit der Spannungsfrage genügend vertraut ist. Würde die fertig verschweißte Steuerung eine verzogene Welle besitzen, so ließe sie sich bei der dreifachen Lagerung kaum bewegen.

Der Lagerbock A zur Aufnahme des Steuerknüppels besteht aus vier zu verschweißenden Blechen und dem Rohr als Bolzenlagerung. Die Einzelteile des Lagerbockes werden vor der Anbringung an die Steuerwelle zu einem Ganzen verbunden. Alle weiteren Teile werden getrennt gefertigt, wie es nach einbautechnischen Gesichtspunkten vorteilhaft erscheint.

Sind die Bleche des Lagerbockes an mehreren Stellen geheftet, so wird die Schweißung nach der in Abb. 70 eingetragenen Richtung vorgenommen. Würden die Verbindungsnähte im entgegengesetzten Richtungssinne vollführt, so wären die Bördelränder der Seitenbleche völlig der Flammenwirkung ausgesetzt. Die hervorstehenden Kanten würden demnach stark angegriffen. Jede der vier Schweißnähte muß auch den gleichen Richtungssinn aufweisen. Wird diese Regel nicht beachtet, so wird der verbundene Kasten stark verworfen. Damit nach dem Einschweißen der Bolzenlagerung B die Mittelachse beider Rohrenden in einer Ebene verläuft, ist es ratsam, die Buchse B zunächst in einem Stück zu verschweißen; erst nach vollzogener Verfestigung ist das mittlere Rohrstück herauszuschneiden.

Ein weitere Schwierigkeit beim Einschweißen von Rohr B zeigt sich in dem sehr kurz aus dem Blech ragenden Rohrende. Bevor die große Masse des Kastens erwärmt ist, beginnt die

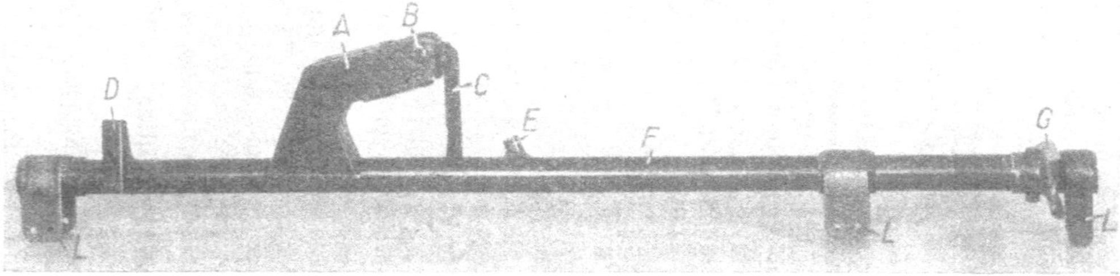

A = Lagerbock für Steuerknüppel	E = Halter für Sollbruchstift
B = Bolzenlagerung	F = Steuerwelle
C = Stütze	G = Segmenthebel
D = Rollenbock	L = Lagerbock für Steuerwelle.

Abb. 69. Steuerung eines Segelflugzeuges.

Rohrwandung zu verschmoren. Nur durch Herbeiführung eines Massenausgleiches ist diesem übel wirksam abzuhelfen. Man gibt von vornherein der Buchse B eine größere Länge, als es das Maß der Zeichnung vorsieht. Die überschüssigen Enden

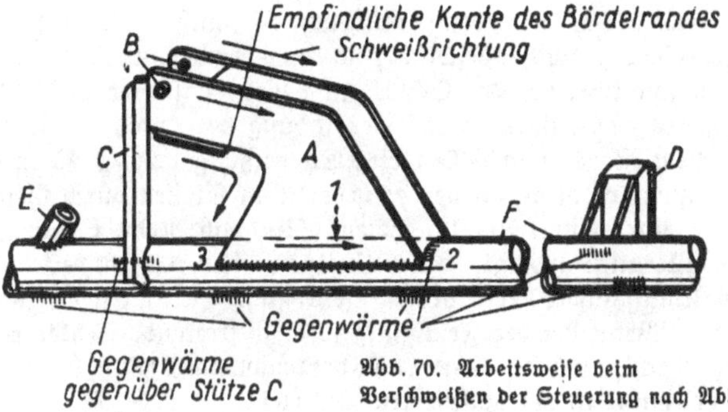

Abb. 70. Arbeitsweise beim Verschweißen der Steuerung nach Abb. 69.

werden nach vollzogener Schweißung wieder beseitigt. Wenn auch bei dieser Arbeitsweise Werkstoffverluste nicht zu vermeiden sind, so wiegt dieser Nachteil doch die geschaffene Arbeitserleichterung bei weitem auf.

Das auf die erforderliche Länge zugeschnittene Rohr F ist zunächst auf etwaige Krümmungen zu untersuchen. Anschließend sind die Stellen zu bezeichnen, wo die Einzelteile mit der Steuerwelle zu verbinden sind. Bevor der Knüppellagerbock aufgeheftet wird, ist an Punkt 1 (Abb. 70) Gegenwärme zu geben, um die Schrumpfbestrebungen der Schweißnaht auszugleichen. Ist der Lagerbock B an den Eckpunkten mit der Welle durch Heftung verbunden, kann die Schweißung der Längsnähte vorgenommen werden. Auch hier ist auf gleichen Richtungssinn beider Raupen zu achten. Ist die Verbindung des Kastens mit der Steuerwelle auch an den Schmalseiten, an den Punkten 2 und 3, vollendet, wird die Welle einer Prüfung auf Krümmungen unterworfen. Meistenteils wird gegenüber den Punkten 3 und 2 Gegenwärme angewendet werden müssen, um die Schrumpfungen der Schweißnaht auszugleichen. Die Länge der anzuwärmenden Zone ist jeweils gefühlsmäßig nach der vorhandenen Unstimmigkeit vorzunehmen.

Vor der Anbringung der Stütze C, des Rollenbockes D und des Halters E für den Sollbruchstift muß gegenüber den Schweißstellen auch Gegenwärme angewendet werden. Diese Maßnahme tritt vor der Schweißung viel wirksamer in Erscheinung, als wenn sie nach der Verbindung vorgenommen würde; außerdem ist es nach vollendeter Schweißung von C, D und E noch immer möglich, an den erforderlichen Stellen durch Gegenwärme Korrekturen vorzunehmen. Sind an Rohr E alle Zubehörteile angeschweißt, so wird bei geschickter Arbeitsweise keine Gewaltmaßnahme erforderlich sein, um die Steuerwelle zu richten. Wenn bei der Fertigung jeder auftretende Fehler rechtzeitig beachtet wurde, liegen alle vorkommenden Maßabweichungen bestimmt in den zulässigen Grenzen.

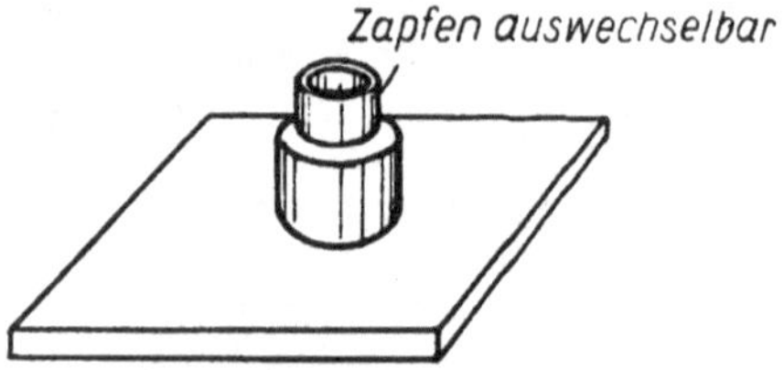

Abb. 71.
Bauvorrichtung zum Verschweißen von Buchsen

Zur Schweißung der drei Lagerstellen erscheint es durchaus lohnend, die in Abb. 71 dargestellte Vorrichtung zu benutzen. Sie besteht aus einer kräftigen Grundplatte, in die auswechselbare Drehzapfen eingesetzt werden können; die Vorrichtung ist infolgedessen auch für die Anfertigung anderer Beschlagteile, wie Seilrollenbeschläge und dergleichen mehr, als Hilfsmittel gut verwendbar.

Der zu schweißende Beschlag wird außerhalb der Vorrichtung geheftet. Anschließend wird die Bohrung der Büchse auf den abgesetzten Zapfen gesteckt. Es ist darauf zu achten, daß zwischen dem Zapfen der Vorrichtung und der Buchse des Beschlages genügend Spiel eingehalten wird, damit trotz der Erwärmung des Lagerbockes der Beschlag auf dem Drehzapfen leicht beweglich bleibt. Ferner darf die Zapfenlänge nicht bis an die obere Schweißstelle des Beschlages reichen, denn sonst würde die Schweißhitze nur unnötig nach der Vorrichtung abgeleitet.

Der Vorteil der Schweißvorrichtung besteht darin, daß die auszuführende Naht ohne jede Unterbrechung vollzogen werden kann. Mit Hilfe des Zusatzstabes ist der Beschlag während der Schweißung mühelos drehbar, ohne daß sich dabei die Lage der Schweißstelle verändert. Wird dagegen der Lagerbock auf einem Schamottestein liegend geschweißt, so ist eine Drehung des Werkstückes während des Arbeitsganges weitaus schwieriger; fernerhin findet dauernd eine Verlagerung der Schweißnaht statt, womit die Entstehung einer fehlerfreien Raupe sehr in Frage gestellt wird.

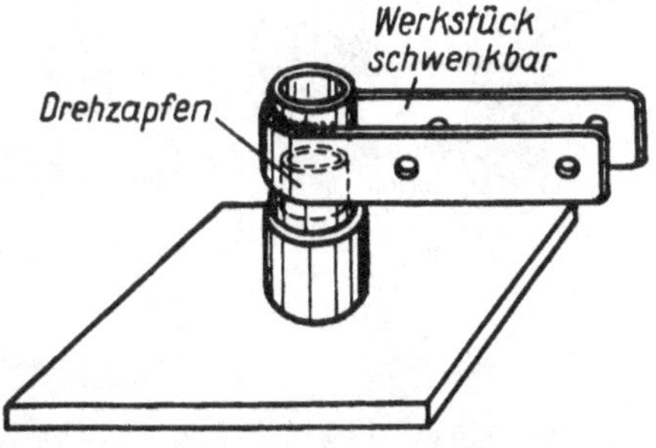

Abb. 72. Verschweißter Lagerbock auf der Vorrichtung.

In Abb. 72 befindet sich ein geschweißter Lagerbock auf dem Drehzapfen der Schweißvorrichtung.

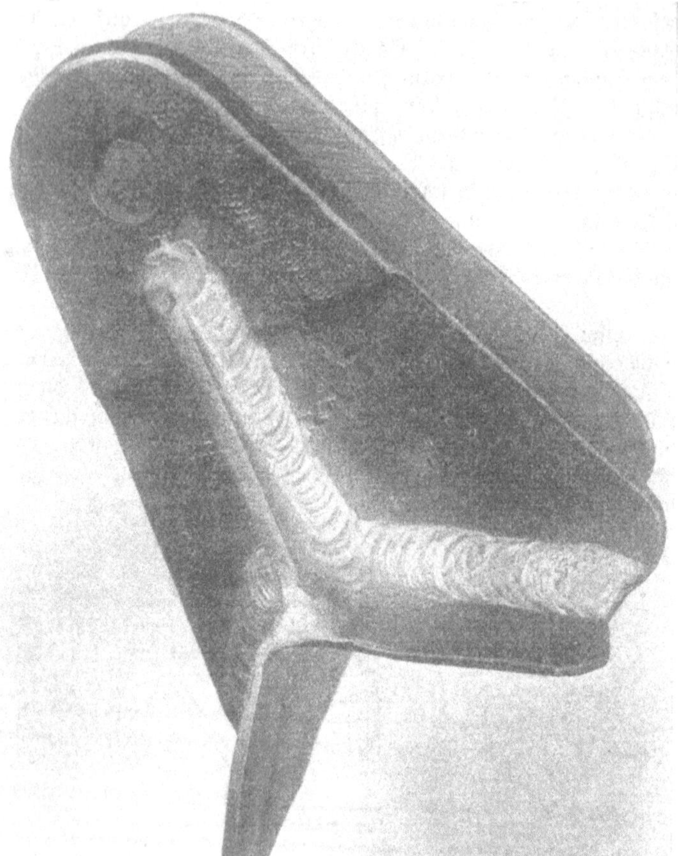

Abb. 73. Anschlußstück für Fahrwerk (Foto Dornier).

Anschlußstück für Fahrwerk (Abb. 73).

Das Anschlußstück besteht aus gepreßten Stahlseitenblechen, einem Winkelblech und zwei Verstärkungsrippen. Nachdem alle Teile zugerichtet sind, werden die Seitenbleche mit der Grundplatte in einer Schweißvorrichtung zusammengebaut und geheftet. Hierbei ist darauf zu achten, daß das Winkelblech vor der Schweißung um etwa einen Millimeter außerhalb des vorgeschriebenen Winkels steht; denn nach dem Aufschweißen der Seitenbleche am Winkel zieht sich dieser durch die Schrumpfung um den zugegebenen Betrag nach innen. Die Schweißraupen auf beiden Seiten des Beschlages müssen wiederum in einem Richtungssinn verlaufen, damit die Gefahr einer seitlichen Drehung der Bleche nicht eintreten kann.

Bevor die Verstärkungsstücke an die seitlichen Bleche geheftet werden, ist das Anschlußstück gut auszurichten. Nach dem Anschweißen der Stegbleche ist ebenfalls nachzurichten.

Bei der Verbindung der Verstärkungsrippen mit dem übrigen Beschlag ist eine geschickte Wärmeverteilung vorzusehen, um das verjüngte Blechende, ohne es zu verbrennen, mit der starken Grundplatte zu verbinden. Da das Stegblech doppelseitig zu verschweißen ist, hinterläßt die zuerst gezogene Naht starke Zunderbildungen, die bei der zweiten Naht zu einer starken Verunreinigung des Schmelzbades führen. Schlackeneinschlüsse sind nur durch gute Verflüssigung der Schweißzone und stetige Rührbewegungen des Zusatzstabes zu vermeiden.

Um dem geschweißten Beschlag die Spannungen zu nehmen, wird er bei etwa 600° C geglüht.

Nach der Prüfung auf Maßhaltigkeit und Rißfreiheit gelangen die Schweißstücke in die Sandstrahlerei. Anschließend werden sie kadmiert und nach weiteren Fertigarbeiten eingebaut.

Rohrstrebe für die Fahrwerkschürze.

In Abb. 74 ist die Rohrstrebe in verschiedenen Arbeitsstadien dargestellt. Gewindehülse und Gabelkopf der Strebe werden dem Schweißer als mechanisch bearbeitete Teile geliefert. Das Rohr erhält der Schweißer ebenfalls genau auf Maßhaltigkeit

Abb. 74. Rohrstrebe für Fahrwerkschürze (Foto Dornier).

zugeschnitten. In der dazugehörigen Schweißvorrichtung wird jeder Teil in die gewünschte Lage gebracht und entsprechend festgehalten. Als erstes wird die Gewindehülse mit dem Rohr verschweißt. Bei dieser Arbeit ist darauf zu achten, daß die Schweißung stets am inneren Punkt der Strebe begonnen wird und dann nach außen verläuft. Wird die Schweißrichtung entgegengesetzt gewählt, so ist innerhalb der Rohrstrebe mit erhöhten Spannungen zu rechnen. Befindet sich vor dem Einschweißen der Buchse in der Bohrung schon das passende Gewinde, so ist zu dessen Schutz eine Graphitschicht aufzutragen.

Bevor die Schweißung des Gabelkopfes vorgenommen wird, muß die Strebe ausgerichtet werden. Ist in der verschweißten Hülse das Gewinde noch nicht vorhanden, so ist es jetzt einzuschneiden. Beim Anbringen des Gabelkopfes leistet die Vorrichtung wieder wertvolle Hilfe. Nach der Heftung auftretende Unstimmigkeiten sind sofort durch Richten auszugleichen. Anschließend kann die vollständige Schweißung in derselben Weise wie bei der Gewindehülse durchgeführt werden.

Die in Abb. 74 ersichtliche Schweißvorrichtung ist so entworfen, daß verschiedene Abmessungen von Rohrstreben ohne Behinderung hergestellt werden können. Die Wirtschaftlichkeit der Vorrichtung wird infolgedessen gesteigert.

Rohrauskreuzung eines Fahrwerkes.

In Abb. 75 werden die Einzelteile und die geheftete Rohrauskreuzung eines Fahrwerkes gezeigt.

Die vorher zugerichteten Einzelteile werden zusammengesteckt und gelangen in die Schweißvorrichtung. Damit das Rohrsystem auch an den Endpunkten gehalten werden kann, müssen die vier Gabelköpfe bereits mit Bohrungen versehen sein, um sie mit der Lehre verbinden zu können. Nach der Heftung der Rohre an mehreren Stellen des Knotenbleches kann die Schweißung beginnen. Da beim Ausschweißen des Knotenpunktes die Rohrenden das Bestreben haben, die spitzen Winkel zu verkleinern, ist es zweckmäßig, noch vor dem Schweißen die Gabelköpfe durch Halteeisen miteinander zu verbinden.

Damit unnötige Deformationen des Werkstückes unterbleiben, muß der Richtungssinn aller Schweißraupen, am äußeren Ende des Knotenbleches beginnend, stets in den Knotenpunkt hinein verlaufen. Durch wechselseitige Verfestigung der Verbindungsstellen wird weiterhin ein vorzüglicher Spannungsausgleich erreicht, da die Gefahr einseitiger Verzugsmomente dadurch aufgehoben wird. Wird beispielsweise auf der rechten Seite der Auskreuzung mit Schweißen begonnen, so ist als nächste Arbeit

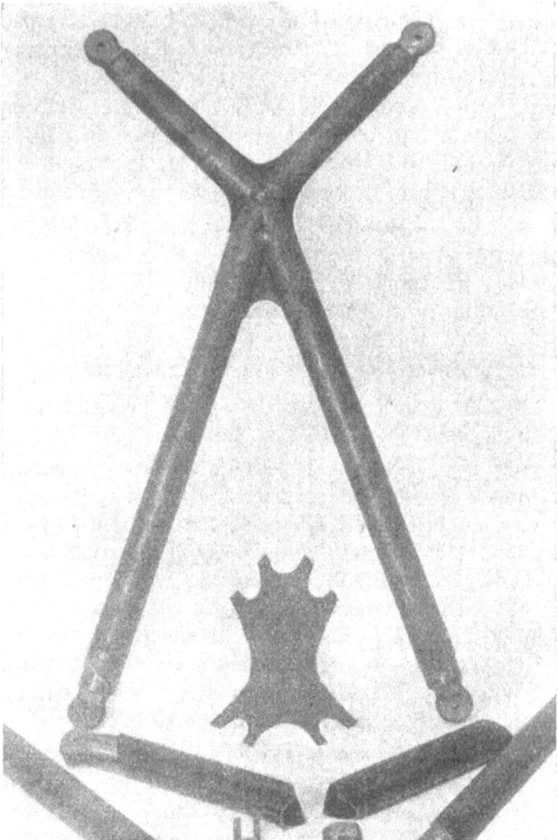

Abb. 75. Rohrauskreuzung eines Fahrwerkes (Foto Dornier).

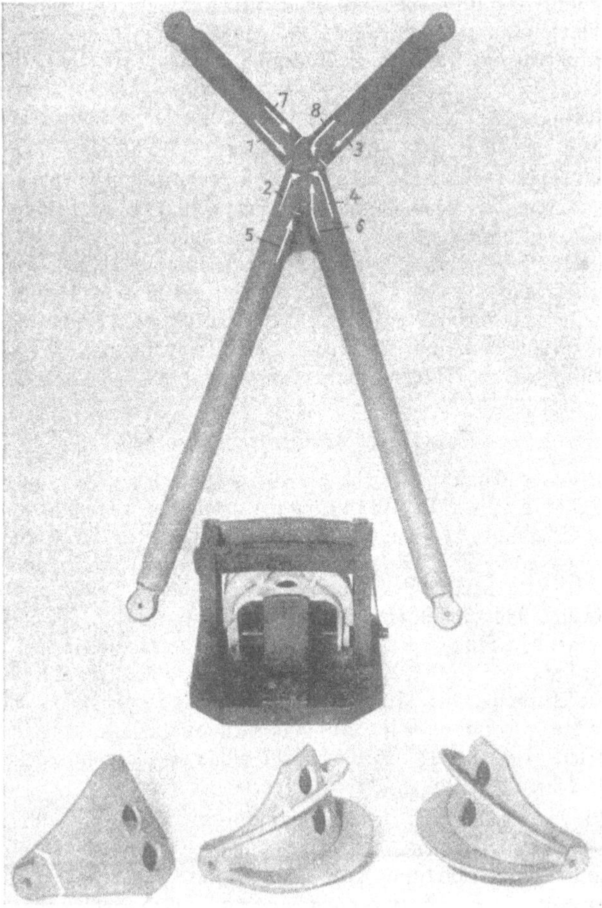

Abb. 76. Geschweißte Rohrauskreuzung und geschweißter Lagerbock (Foto Dornier).

unbedingt die linke Seite zu verfestigen; erst anschließend kann die Verfestigung der mittleren Naht vorgenommen werden. Um möglichst wenig sichtbare Nahtbeendigungen zu erhalten, ist die Arbeitsfolge nach Abb. 76 zweckmäßig. Nach beendeter Schweißung der Auskreuzung ist das Werkstück nachzurichten.

Nach dem Erkalten des mittleren Knotenpunktes können die Gelenkköpfe verschweißt werden. Um Anhaltspunkte über das zu erwartende Schwindmaß der Schweißstellen zu bekommen, verschweißt man zweckmäßigerweise die Gabelköpfe zunächst nur an zwei Rohrenden. Ist nach der Erkaltung das Schwindmaß ermittelt worden, so sind auf der Gegenseite die Gabelköpfe, den festgestellten Werten entsprechend, einzurichten. Nachdem alle Teile verbunden sind, wird das Werkstück nochmals unter Zuhilfenahme des Schweißbrenners nachgerichtet.

Lagerbock für Einziehzylinder.

Aus Abb. 76 und 77 geht der Werdegang der Lagerung hervor. Im ersten Arbeitsgang wird das Grundblech nach einer Schablone U-förmig gebogen; anschließend mit den Lageraugen verschweißt. Die aufgesetzten Verstärkungsrippen werden nur einseitig verschweißt. Da es sich bei diesen Teilen um beträchtliche Werkstoffstärken handelt, ist es notwendig, die aufzuschweißenden Rippen an der aufliegenden Schmalseite gut abzuschrägen, um einwandfrei durchschweißen zu können. Das vorherige Aufheften der Rippen erfolgt in der dazugehörigen Bauvorrichtung. Damit beim Ausschweißen alle Maße hinreichend erhalten bleiben, sind gegebenenfalls zwischen die veränderlichen Teile kräftige Distanzstücke einzusetzen.

Die weiteren Teile, die hauptsächlich aus geschlitzten Rohren und kleineren Elementen bestehen (Abb. 78), werden ebenfalls in einer Bauvorrichtung vereinigt, geheftet und schließlich ausgeschweißt. Um Spannungen gering zu halten, hat die Schweißung, von außen beginnend, innerhalb der Massenanhäufungen zu verlaufen. Der Richtungssinn der Raupen soll gleichlaufend sein. Nach vollzogener Schweißung ist sorgfältig nachzurichten. Der Gabelkopf wird ebenfalls erst nachträglich, unter Berücksichtigung des Schrumpfwertes, mit dem langen Rohrende verschweißt.

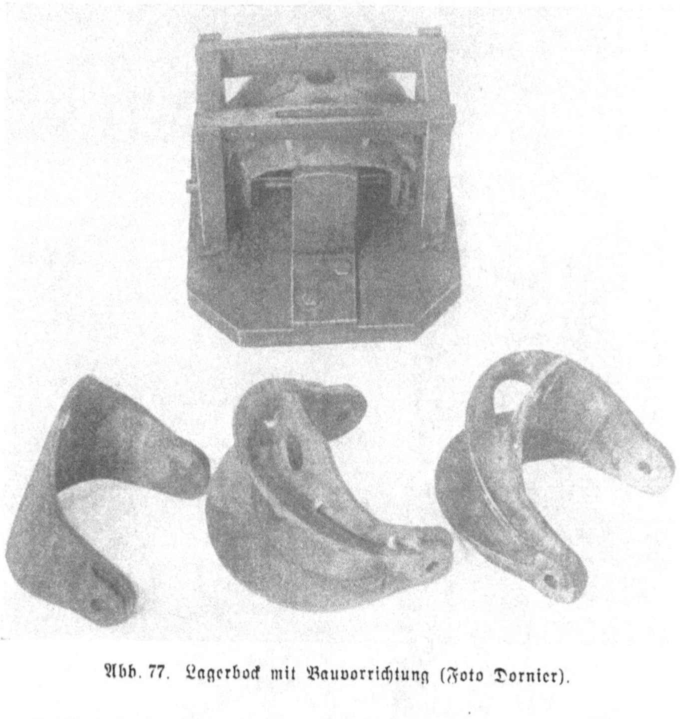

Abb. 77. Lagerbock mit Bauvorrichtung (Foto Dornier).

Da bei derartigen Schweißarbeiten beträchtliche Unterschiede der Werkstoffstärken vorkommen, erweist es sich als notwendig, dem Schweißer einen Mann zum Vorwärmen zu stellen. Dadurch wird der Schweißvorgang beschleunigt. Die Tätigkeit des Vorwärmers besteht darin, die Flammenwirkung auf die stärkeren

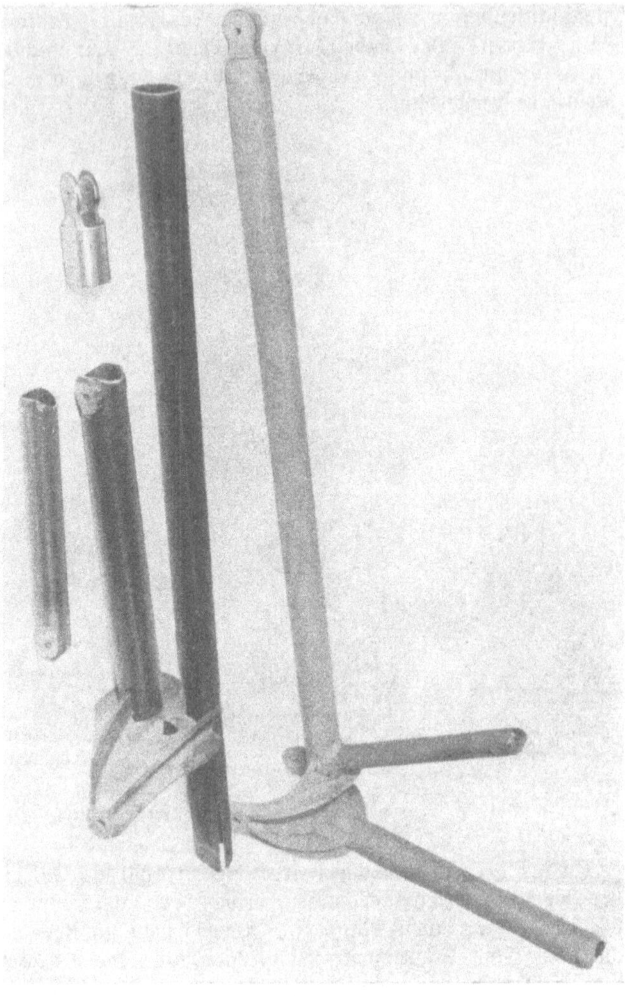

Abb. 78. Lagerbock für Einziehzylinder (Foto Dornier).

Werkstoffe zu konzentrieren, damit diese mit den schwächeren Teilen zu gleicher Zeit in Fluß geraten. Neben einer starken Herabminderung der Wärmeabwanderung lassen sich die Teile gut durchschweißen; ferner kennzeichnet sich die Verbindungsstelle durch eine glatte und nicht übermäßig breite Raupe.

Abb. 79 zeigt den Schweißer bei der Herstellung eines Beschlages, wobei er durch einen Vorwärmer unterstützt wird.

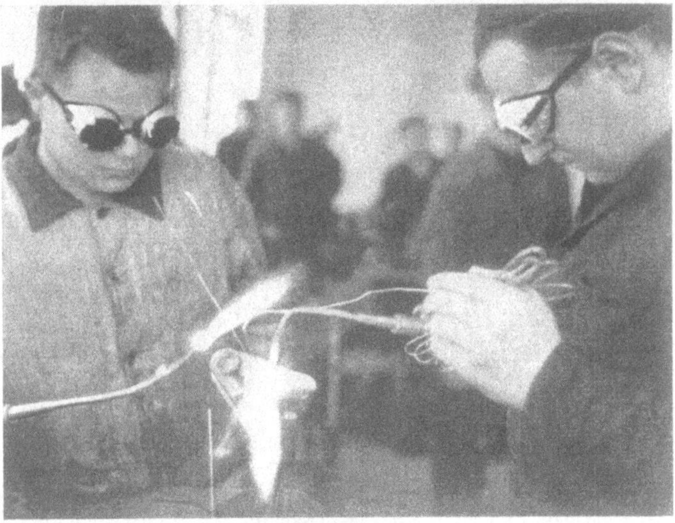

Abb. 79. Der Schweißer wird in seiner Arbeit durch einen Vorwärmer unterstüzt (Foto Dornier).

Der Werdegang von hochbeanspruchten Holm- und Spantbeschlägen.

Als erste Arbeit wird die Verbindung der Lamellen der Holmbefestigungsarme vorgenommen. Es können dabei zwei verschiedene Wege beschritten werden:

a) Wenn die Schweißung der Bleche A und A_1 an den Kanten a und b vorgenommen wird (Abb. 82), ist zunächst die Seite a der Befestigungsarme etwas zu hämmern, um eine künstliche Verlängerung der Kante a

Abb. 80. Unterer Aufstieg an der Rumpfseite in der Schweißlehre (Foto Heinkel).

herbeizuführen. Diese Vorkehrung ist damit begründet, daß Kante a infolge Aufschweißens des Deckbleches G zweimal, dagegen die Kante b nur einmal erhitzt wird.

Es ist natürlich nicht möglich, genaue Werte über die Verlängerung von a anzugeben. Damit die Ober- und Unterkante der Befestigungsarme in gerader Linie verläuft, ist die Vorbiegung der Bleche dem Gefühl des Schweißers zu überlassen. Mit Bestimmtheit kann jedoch gesagt werden, daß die hervorgerufene Schrumpfung beim

I = Holmbeschlagteile
II = Oberer Spantbeschlag
III = Unterer Spantbeschlag.

Abb. 81. Hauptholmbeschlag und Spantbeschläge für ein freitragendes Segelflugzeug.

zweiten Schweißprozeß weitaus geringer ist als das erste Mal; eine übertrieben große Vorbiegung ist demnach nicht notwendig.

b) Bei der anderen Arbeitsweise kann die Verlängerung der Kante a unterbleiben, wenn zunächst die Schweißung nur an Kante b ausgeführt wird. Ist der Beschlag

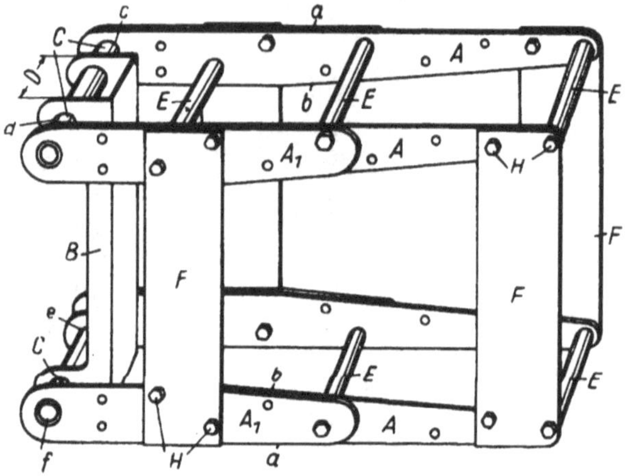

A = Holmbefestigungsarme
A1 = Verstärkung zu A
B = Verbindungsblech
C = Lagerung für Flächenanschlußbolzen
D = Zwischenraum für Spantbeschlag
E = Distanzrohre
F = Distanzbleche
H = Heftschrauben
(E, F, H:) Hilfsmittel zum Verschweißen des Beschlages.

Abb. 82. Werdegang des Hauptholmbeschlages nach Abb. 81.

vollständig zusammengestellt, wird gleichzeitig mit den unverbundenen Kanten der Bleche A und A_1 das Deckblech G verschweißt. Allerdings ist bei dieser Arbeit darauf zu achten, daß das Blech G nur bis an die inneren Kanten der Befestigungsarme A heranreicht, um die

Verflüssigung aller drei Kanten einwandfrei durchführen zu können. Die volle Werkstoffstärke ist an der Verbindungsstelle durch genügendes Auftragen von Zusatzwerkstoff herbeizuführen. Die letztere Arbeitsweise ist dadurch vorteilhafter, weil durch die einmalige Erhitzung der Kante a keine Verminderung des Gütewertes der Naht eintritt.

In der weiteren Arbeitsfolge werden zunächst je zwei Befestigungsarme unter Zuhilfenahme von gut abgeplanten Distanzrohren durch Heftschrauben miteinander verbunden. Anschließend wird das Verbindungsblech B durch Einschieben der Rohre C mit den oberen und unteren Befestigungsarmen vereinigt. Um die Achsentfernung der oberen und unteren Bohrung von C auf beiden Seiten völlig gleich zu erhalten, ist es notwendig, daß außer den in Abb. 82 ersichtlichen Distanzblechen F die Bohrungen von C noch zusätzlich durch eine Lehre während des Heftens der Teile verbunden werden.

Da die Bohrungen der Rohre C in der Breite des Beschlages nach der Schweißung genau in einer Richtung verlaufen müssen, werden die Rohre C durchgehend in einem Stück eingesetzt. Die erste Schweißung des verschraubten Beschlages wird an den Stellen c und d vorgenommen. Um bei den hierbei auftretenden Schrumpfungen eine Verengung des Zwischenraumes D zu verhindern, wird beim Einführen des Rohres C ein weiteres Rohr von größerem Durchmesser und der Länge D über C als Distanzrohr geschoben. Erst nachdem auch das Deckblech G überall verschweißt ist, darf das Zwischenstück D mit dem übergeschobenen Distanzrohr entfernt, d. h. herausgesägt werden. Eine Verformung des scharnierartigen Gebildes ist nun nicht mehr möglich. Damit die Stirnkanten von C an den Endpunkten einen sauberen Abschluß bilden, sind sie zu verschweißen und dann zu befeilen. Eine Verminderung der Stabilität ist nicht zu erwarten. Die unbearbeitet gebliebenen Schweißnähte unterhalb des Deckbleches G an der Innenseite der Befestigungsarme und

Abb. 83. Flügelanschlußbeschlag (Foto Heinkel).

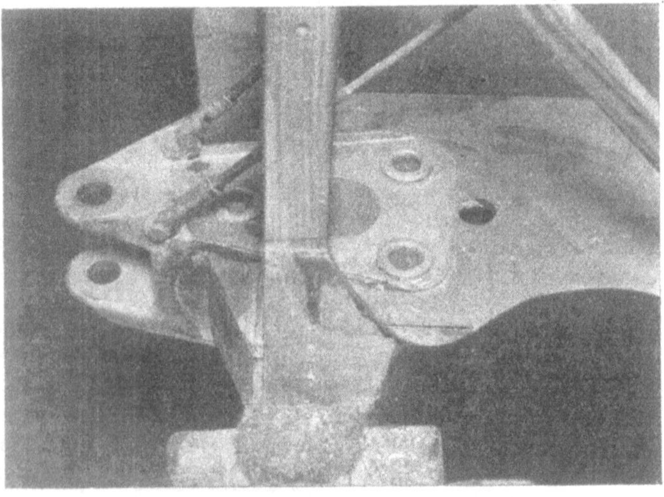

Abb. 84. Flügelanschlußbeschlag (Foto Heinkel).

des Verbindungsbleches genügen bereits für die Aufnahme der zu übertragenden Kräfte.

Nach vollständigem Ausschweißen des Beschlages sind alle Hilfsvorrichtungen zu entfernen. Vorhandene Unstimmigkeiten werden durch Nachrichten ausgeglichen.

Bei der Schweißung der Seitenlamellen von Spantbeschlag III können die Kanten der Bleche ohne Bedenken rundherum verbunden werden. Um den erforderlichen Abstand der Lamellen zur Aufnahme des Spantens zu erzielen, geschieht der Zusammenbau der Einzelteile ebenfalls unter Zuhilfenahme von gut passenden Distanzrohren und Heftschrauben. Weitere Beschlagteile zeigen die Abb. 80, 83 und 84.

Abstrebungen.

Sehr lebenswichtige und hoch beanspruchte Bauteile sind die Abstrebungen der Tragflügel sowie die Fahrwerk- und Schwimmerstreben. Die Fertigung derartiger Werkstücke darf nur zuverlässigen Schweißern anvertraut werden.

Abb. 85 zeigt den Aufbau einer **V-Strebe.**

Sind die Rohre auf die erforderliche Länge zugeschnitten und die Enden den Anschlußteilen entsprechend abgeschrägt, so werden die Seiten a beider Streben, wo die Verbindung zu einem Stück vorgenommen wird, im Querschnitt durch Bördelkanten und Verbindungsbleche verstärkt. Wird diese Arbeit unterlassen, so treten beim Schweißen unliebsame Deformationen am Verbindungsquerschnitt der Ovalrohre auf.

Nach der Beendigung dieser Vorarbeiten kommen die stromlinienförmigen Streben in die Schweißvorrichtung. Diese besteht meist aus einem kräftigen U-Eisenrahmen, um den auftretenden Spannungen mit Erfolg Widerstand bieten zu können.

Auf dem Rahmen der Vorrichtung sind Formstücke mit Klemmbügeln, für die jeweiligen Streben passend, angebracht. Die

Anschlußteile der Strebenenden werden durch gesonderte Vorrichtungen an den betreffenden Stellen gehalten.

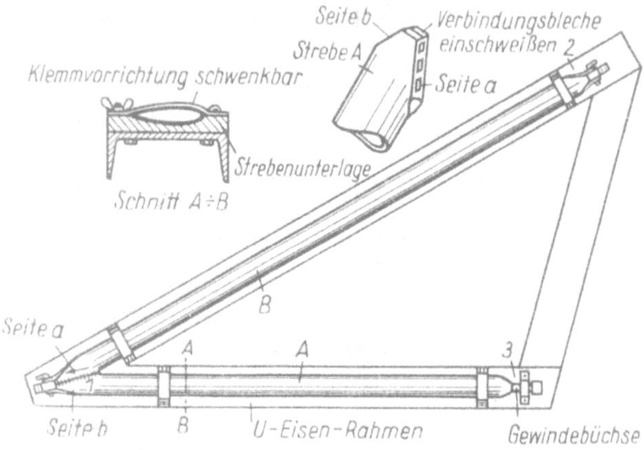

Abb. 85. V-Strebe mit Schweißvorrichtung.

Abb. 86. Baldachinstreben mit Heißstrop (Foto Heinkel).

Damit der Winkel der Streben von vornherein sein Maß behält, muß die Ober- und Unterseite an Verbindungsstelle 1 in der Vorrichtung geschweißt werden. Die Schweißrichtung ist beiderseitig nach außen zu wählen, damit die Spannungen ebenfalls nach außen getrieben werden.

Abb. 87. Schwimmerstreben mit Rumpfanschlüssen (Foto Heinkel).

Sind alle weiteren Teile in der Lehre mit den Streben geheftet und außerhalb der Vorrichtung geschweißt worden, so wird die Strebe auf Maßhaltigkeit nachgerichtet. Durch geschickte Anwendung der Schweißflamme ist für manchen Fehler ein Ausgleich herbeizuführen.

In den Abb. 86 bis 89 werden weitere Beispiele von Verstrebungen gezeigt.

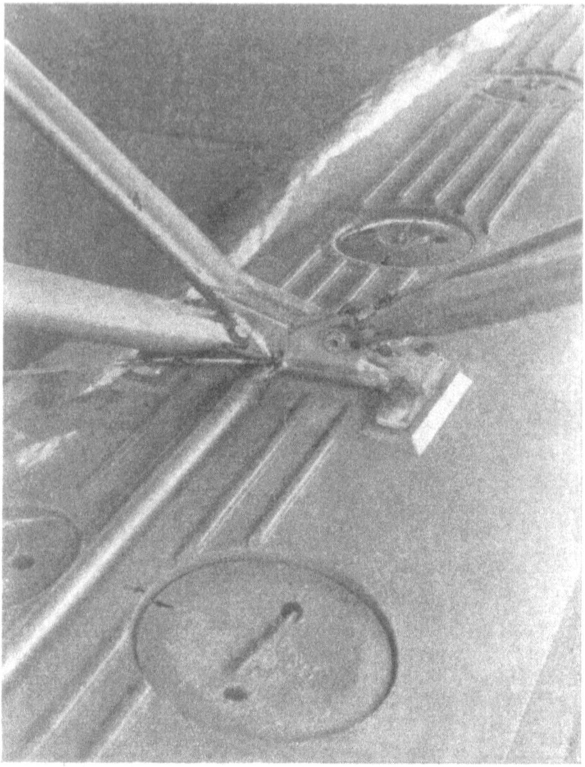

Abb. 88. Schwimmeranschluß (Foto Heinkel).

Sonstige Beschlag- und Zubehörteile.

Im folgenden wird die Anwendungsmöglichkeit der Schweißtechnik an einer Reihe von Beispielen gezeigt.

Abb. 90 und 91 zeigen Steuerhebel, die zumeist aus gepreßten Stahlblechhälften und Rohrabschnitten bestehen. Die

Abb. 89. Schwimmeranschluß (Foto Heinkel).

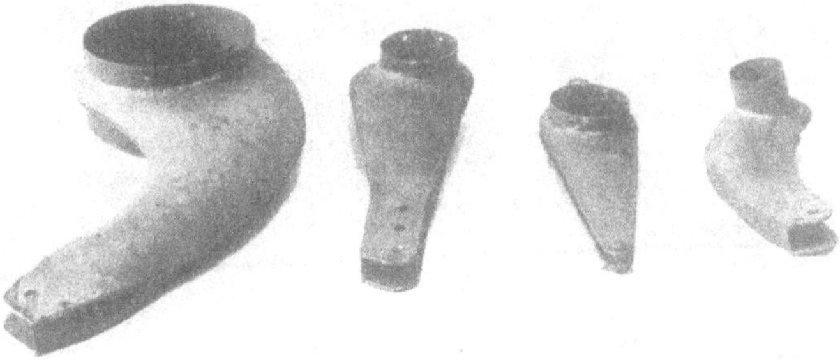

Abb. 90. Geschweißte Steuerungshebel (Foto Junkers).

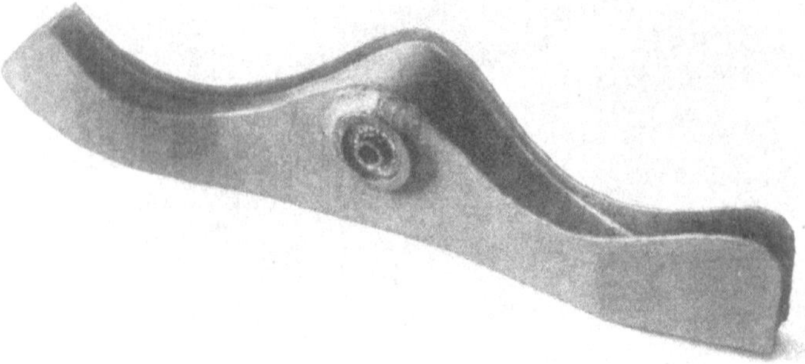

Abb. 91. Doppelhebel für Steuerung der Junkers Ju 34 (Foto Junkers).

Abb. 92. Links: geschweißtes Knotenstück der Junkers F-13.
Rechts: geschweißtes Knotenstück der Junkers Ju-52 (Foto Junkers).

Abb. 93. Vorrichtungen zum Schweißen von Knotenstücken (Foto Junkers).

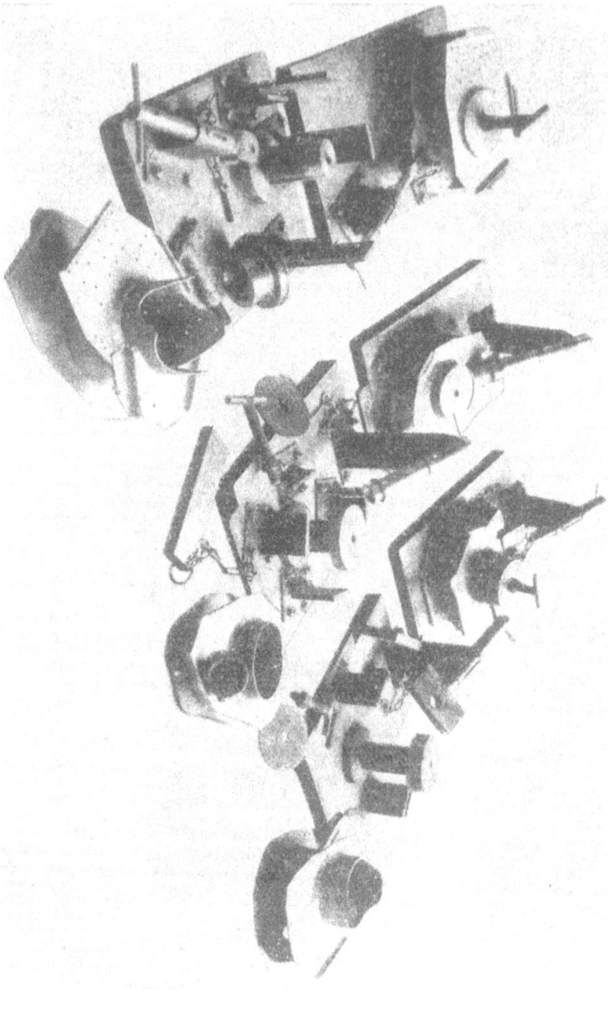

Abb. 91. Vorrichtungen zum Schweißen von Knotenstücken (Foto Junkers).

Konstruktionsform ist an Einfachheit und Vollkommenheit kaum noch zu überbieten. Die Steuerungselemente besitzen neben hoher Stabilität und einfacher Herstellungsweise auch ein verhältnismäßig geringes Gewicht. Wenn der Schweißer über genügende Fertigkeit verfügt, ist eine Fehlarbeit ausgeschlossen.

Abb. 95. Knotenstück einer Junkers Ju 31
(Foto Junkers).

Bei lebenswichtigen Bauteilen von Flugzeugen und größeren Baureihen wird jedes einzelne Bauteil des Beschlages innerhalb einer Vorrichtung in der Lage gehalten, wie es am fertigen

Werkstück der Fall sein muß. Durch umfangreichen und kostspieligen Lehrenbau wird dem Schweißer die Arbeit erleichtert und die Genauigkeit und Austauschbarkeit erhöht (vgl. Abb. 93 und 94).

Abb. 96. Schweißen von Rohrschellen (Foto Dornier).

Der Bau der Vorrichtungen und der Lehren erfordert große Erfahrungen. Oft schon wurden auftretende Unstimmigkeiten durch kleine Änderungen an den Vorrichtungen behoben.

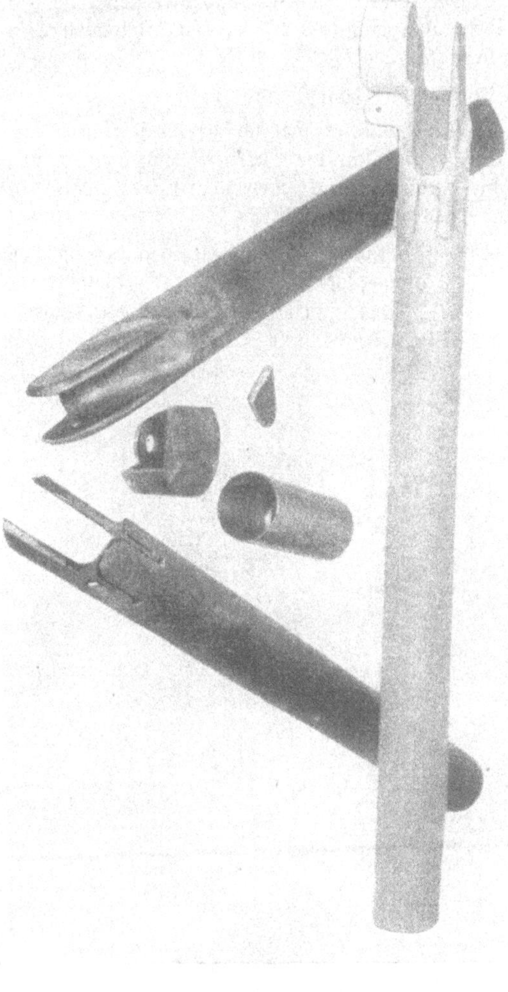

Abb. 97. Druckstrebe für Fahrwerk im gehefteten und ausgeschweißten Zustand (Foto Dornier).

Hohe Anforderungen an den Schweißer stellen trotz Vorrichtungen Massenanhäufungen, die zu einer schlechten Wärmeverteilung führen können.

Ein Beispiel dafür liefert Abb. 95.

Abb. 96 zeigt den Schweißer bei der Anfertigung von **Rohrschellen.** So geringfügig diese Arbeit erscheinen mag, so muß auch hier die nötige Sorgfalt verwendet werden, damit der Bauteil seinen Zweck erfüllen kann.

In Abb. 97 ist eine Druckstrebe für das Fahrwerk im gehefteten und ausgeschweißten Zustand dargestellt. Wie die Ausführung der Schweißarbeit zu erfolgen hat, lehrt die Beachtung der vorhergehenden Regeln.

Die Schweißung von Leichtmetallen erfolgt nach anderen Gesichtspunkten als die der Stähle.

Grundsätzlich wählt man die **Stumpfnaht,** wie es aus Abb. 98 hervorgeht.

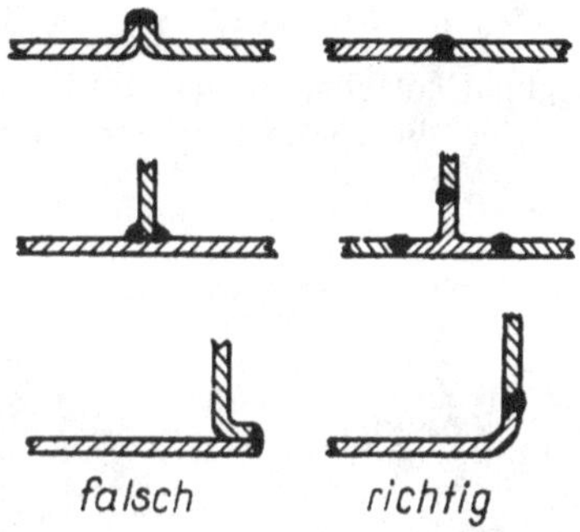

Abb. 98.
Richtige und falsche Anordnung von Leichtmetallschweißnähten.

Man hat dabei den Vorteil, die Flußmittel leicht entfernen zu können, was für die Haltbarkeit und Dauerhaftigkeit der Naht von einschneidender Wichtigkeit ist.

Die Schweißung eines Aluminiumtanks (Abb. 99).

Als Werkstoff dient vielfach Aluminiumblech. Die Mantelfläche und die Stirnseiten des Behälters werden daraus zugerichtet.

Der Schweißer beginnt seine Tätigkeit mit dem Heften und Schweißen der Längsnaht des Blechzylinders. Weder die Vorbereitung der Schweißnaht noch die Ausführung selbst unterliegen irgendwelchen Schwierigkeiten.

Die zu verbindenden Metallkanten sind mittels Drahtbürste sorgfältig zu reinigen. Ein Bestreichen der Kanten mit Flußmittel ist nicht unbedingt erforderlich. Es genügt, wenn der Zusatzstab mit einer dünnen

Schicht dieses Hilfsmittels überzogen wird. Stehen keine Spannvorrichtungen zur Verfügung, so ist es ratsam, an mehreren Stellen zu heften, um ein Übereinanderschieben bzw. einen zu großen Luftraum zwischen den Blechkanten zu vermeiden. Um die Heftarbeit beschleunigt durchführen zu können, ist eine stärkere Flammeneinstellung zu wählen als bei normaler Schweißung.

Der Anfang der Schweißnaht hat etwa an der zweiten Heftstelle zu beginnen. Wird die Verbindung an der äußeren

Abb. 99. Geschweißter Aluminiumfalltank (Foto Junkers).

Kante des Werkstückes begonnen, so besteht die Gefahr des Einreißens der Raupe. Große Bedeutung hat die Wahl der richtigen Flammenstärke.

Dem weniger geübten Schweißer ist zu empfehlen, den Nahtanfang mit Flußmittel zu bestreichen. Da dieses kurz vor der Verflüssigung des Metalles zu schmelzen beginnt, kann der Schweißer beobachten, ob sich das Flußmittel auf beiden Kanten des Werkstückes gleichmäßig ausbreitet. Bei schlechter Wärmeverteilung kann immerhin noch eine Korrektur des Fehlers vorgenommen werden.

Weiterhin ist bei einer Aluminiumschweißung großer Wert auf den richtigen Zeitpunkt des Beginnens der Schweißung zu legen. Trotz gleichmäßiger Vorwärmung kann ein verfehlter Zeitpunkt verhängnisvoll werden. Ist ein zu großer Abschnitt des Zylinders erwärmt worden, kann sich ein starkes Durchsacken der Naht bemerkbar machen. Bei ungenügender Vorwärmung ist dagegen ein gutes Durchschweißen der Verbindungsstellen sehr in Frage gestellt.

Da der vorliegende Behälter nur eine geringe Blechstärke aufweist, ist eine ruhige Brennerführung das Gegebene. Seitliche Rührbewegungen führen höchstens zur Bildung einer großen Erweichungszone und einer breiten Schweißnaht. Der Zusatzstab ist in periodischer Folge tief in das Schmelzbad einzutauchen und nach vorn, durch das Schmelzbad furchend, herauszuziehen. Durch diese Arbeitsweise erfährt das Flußmittel, das die Zerstörung der hindernden Oxydschichten herbeiführen soll, eine wirksame Unterstützung. Ferner wird die im Schmelzbad vorhandene Schlacke an die Oberfläche der Raupe befördert. Neben Verhinderung von Oxydeinschlüssen wird gleichzeitig die Entstehung poröser Schweißnähte unterbunden.

Geht die Schweißnaht dem Werkstückende zu, so ist darauf zu achten, daß dem Schmelzbad entsprechend die Schweißgeschwindigkeit zu steigern ist; die schnellere Erwär-

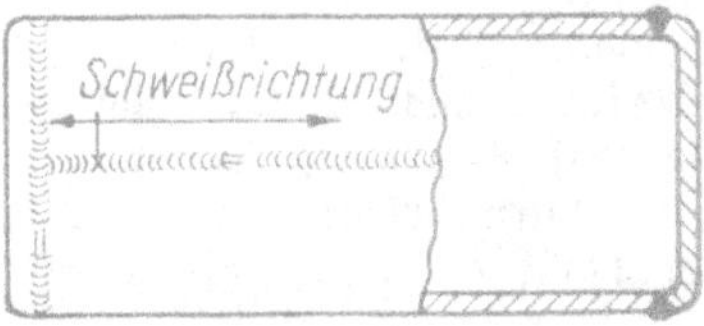

Abb. 100. Anordnung der Schweißnähte am Falltank nach Abb. 99.

mung der Schweißzone ist darauf zurückzuführen, daß keine kalten Werkstückteile mehr vorhanden sind, wohin eine Ableitung der überschüssigen Wärme erfolgen kann. Eine Unterbrechung des Schweißprozesses zur Verringerung der Flammenstärke hat möglichst auch zu unterbleiben.

Nach beendeter Schweißung der Längsnaht des Aluminiumblechzylinders ist zweckmäßigerweise die Nachbehandlung der Naht vorzunehmen. Die Flußmittelrückstände sind unter Zuhilfenahme wirksamer Reinigungsmittel (zehnprozentige Salpetersäurelösung) gründlich zu entfernen. Durch die Verflüssigung des Werkstoffes ist an der Verbindungsstelle ein Grobkorngefüge entstanden. Je gröber die Gefügeausbildung eines Werkstoffes ist, um so minderwertiger sind auch seine Güteeigenschaften. Infolgedessen ist danach zu trachten, das Grobkorngefüge in ein Feinkorngefüge umzuwandeln. Durch mehrmaliges Abhämmern der Schweißnaht sowie auf gemäßigte Temperaturen abgestimmtes Glühen ist das Ziel erreichbar. Nicht nur die Festigkeitswerte der Schweißnaht erfahren durch diese Maßnahmen eine beträchtliche Steigerung, sondern auch die chemische Widerstandskraft des Werkstoffes wird um ein bedeutendes Maß erhöht.

Die abgekanteten, gebördelten und geglühten Böden müssen in ihrem Durchmesser mit dem verschweißten Zylinder vollkommen übereinstimmen, bevor die Verbindung mit dem Mittelstück vorgenommen wird. Die an den Stirnseiten einmündenden Stutzen sind ebenfalls vorher einzuschweißen und nachzubehandeln. Nachdem die Stirnwandteile auf beiden Seiten geheftet sind, wird die Schweißung auf gleiche Art wie bei der vorhergehenden Naht vollzogen. An einer Stelle beginnend, führt man die Raupe in einem Zuge rund um den Umfang des Behälters aus. Erhöhte Schwierigkeiten treten nur in der Form auf, daß die größeren Massen eine beträchtliche Steigerung der Wärmeableitung verursachen. Dieser Nachteil ist jedoch durch Wahl eines größeren Brenners sehr leicht auszugleichen.

In so intensiver Weise wie bei der Längsnaht ist das Abhämmern an dem allseitig geschlossenen Werkstück bei der Nachbehandlung nicht mehr möglich.

Das Einschweißen der Anschlußstücke am Umfang des Zylinders wird in den meisten Fällen nach der Fertigstellung der

Längsnaht vorgenommen werden können. Die Anbringung der Stutzen ist nur dann als letzte Arbeit am Tank auszuführen, wenn dadurch die Verbindung der übrigen Teile sehr schwierig ist.

Leichtmetallrohrstutzen.

Daß unter Zuhilfenahme des Schweißbrenners aus gewalzten Leichtmetallblechen die verschiedensten Bauteile herzustellen sind, geht aus den in Abb. 101 gezeigten Rohrstutzen hervor.

Die Fertigung des zylindrischen Rohres geschieht auf ähnliche Weise wie beim vorigen Werkstück das Schweißen der Längsnaht am Mantel des Benzintanks. Selbst die verjüngten Rohrstücke lassen sich auf einfache Art anfertigen. Die Bleche werden nach der Form eines abgestumpften Kegels in der Abwicklung zugeschnitten. Nach der Biegung der Mantelfläche werden die in einer Ebene stehenden Kanten verschweißt.

Weit schwieriger gestaltet sich das Aufsetzen der Rohrstutzen. Die Vorbereitung der Schweißstelle ist auch hier auf andere Weise vorzunehmen, als es sonst bei Stahlrohrverbindungen üblich ist. Die zu verbindenden Kanten sind so zuzurichten, daß ein einwandfreier Stumpfstoß verbürgt wird. Findet diese Regel keine Beachtung, indem das abzweigende Rohrstück durch eine Kehlnaht verbunden wird, so bleibt hinter der Schweißnaht ein toter Winkel zurück, der nicht verflüssigt wird. Die Flußmittelrückstände sind an derartigen Stellen nicht zu beseitigen und verursachen nach kurzer Zeit die Zerstörung der Schweißverbindung. Sollen Flüssigkeiten oder Gase in dem Rohrsystem geleitet werden, so vermögen diese mit weit geringerem Energieaufwand Richtungsänderungen zu folgen, wenn an jeder Verbindungsstelle auf glatte und reibungslose Übergänge geachtet wurde. Auch die Absonderung von Stoffen der geleiteten Flüssigkeiten oder Gase würde an schroffen Übergängen außerordentlich begünstigt und Stauungen oder gar Verstopfungen der Leitung herbeiführen.

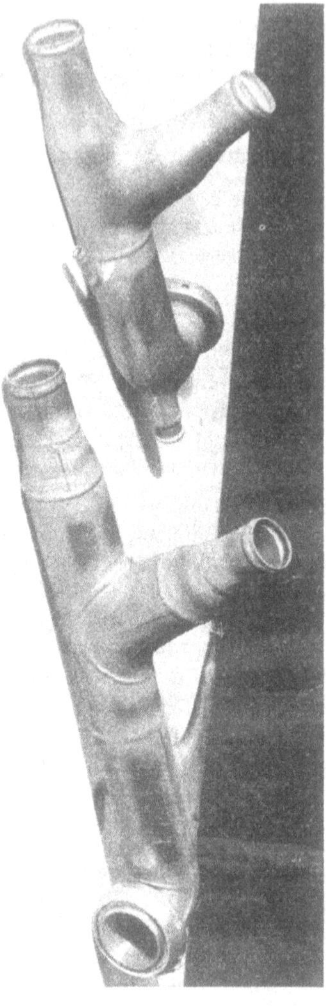

Abb. 101. Geschweißte und gezogene Rohrstützen (Foto Junkers)

Die Vorbereitung der anzuschweißenden Stutzen kann auf zwei Arten vorgenommen werden: Bei dem in Abb. 101 gezeigten Werkstück wurde das Längsrohr stark ausgearbeitet; der aufgesetzte Stutzen am Anschlußende sauber gebördelt, so daß die Kanten beider Werkstücke in einer Ebene zusammenstoßen. Die zweite Möglichkeit besteht darin, daß der aufzuschweißende Stutzen keine Formveränderung erfährt, sondern die Vorbereitungsarbeiten an dem durchgehenden Rohr ausgeführt werden.

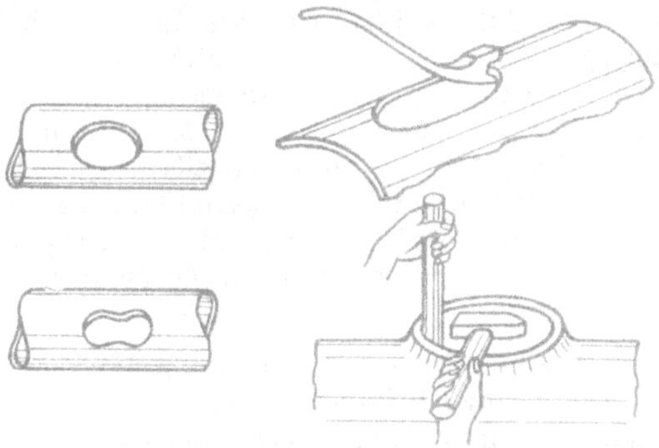

Abb. 102. Das Ausbördeln von Rohren.

Aus Abb. 102 ist der Arbeitsgang zu entnehmen. In die Rohrwandung wird entweder eine ovale oder achtförmige Öffnung eingeschnitten. Ist der Stutzendurchmesser gleich dem Längsrohrdurchmesser, so ist unbedingt der achtförmige Ausschnitt zu wählen. Bei einem kleineren Durchmesser des Abzweigrohres führt auch der ovale Ausschnitt zu einem guten Ergebnis.

Vor dem Ausbiegen der Rohrwandungskanten ist zur leichteren Verformung der Werkstoff mit dem Schweißbrenner zu glühen. Das Herausholen der Kanten geschieht mit einem U-förmig gebogenen Bördeleisen, das der betreffenden Rohrwandungsstärke anzupassen ist. Das vollständige Ausrunden der Öffnung und das Nachrichten des Bördelrandes wird mit einem Stahldorn und dem Handhammer vorgenommen. Nach beendeter Vorbereitung muß die herausgebördelte Kante in einer Ebene mit dem anstoßenden Rohrstutzen liegen. Ein Nacharbeiten mit der Feile ist vielfach erforderlich.

Sind alle Teile durch Schweißung verbunden, so ist die Nachbehandlung durch Beseitigung der Flußmittelrückstände und Abhämmern der Verbindungsstellen vorzunehmen. Für das letztere Arbeitsverfahren sind geeignete Dorne und sonstige Vorrichtungen notwendig, um die Vergütung der Naht überall durchführen zu können. Bei Rohrleitungen, in denen Flüssigkeiten oder Gase zu leiten sind, darf das Abhämmern der Schweißraupen auf keinen Fall unterbleiben, denn die Folge wären undichte Verbindungsstellen. Handelt es sich um Rohrsysteme für rein festigkeitstechnische Zwecke, so erfolgt die Vorbereitung der Teile nach denselben Gesichtspunkten.

Die Herstellung eines Ansaugschachtes aus Aluminiumblech.

Abb. 103 zeigt einen Ansaugschacht, der sich aus mehreren Aluminiumblechen zusammensetzt. Die roh zugeschnittenen Formteile werden zunächst geglüht. Der Vorgang ist entweder mit der Lötlampe oder mit dem Schweißbrenner vorzunehmen. Da die Azetylen-Sauerstoff-Flamme über eine sehr intensive Wärmewirkung verfügt, hat ihre Benutzung mit größter Vorsicht zu geschehen. Nach dem Glühen besitzen die Bleche eine gute Verformbarkeit. Sie werden mit Schraubzwingen auf Holzmodelle gespannt, welche die Form der fertigen Blechteile besitzen. Zur Unterstützung der weiteren Arbeitsvorgänge werden die Bleche abermals angewärmt. Die Verformbarkeit ist nun derart gesteigert, daß mehrere Schläge mit dem Holzhammer genügen, um die aufgespannten Bleche nach den Wölbungen der Holzmodelle zu treiben. Alle Teile, aus denen sich das Werkstück zusammensetzt, erfahren auf diese Weise ihre Formgebung. Um für jeden Bauteil im gebogenen Zustand die geforderten Abmessungen zu erhalten, werden die Bleche in der Abwicklung etwas reichlich zugeschnitten; die getriebenen Teile erhalten vor dem Zusammenbau in besonderen Schablonen ihre endgültigen Abmessungen. Werden bei diesem Werkstück die Vorarbeiten

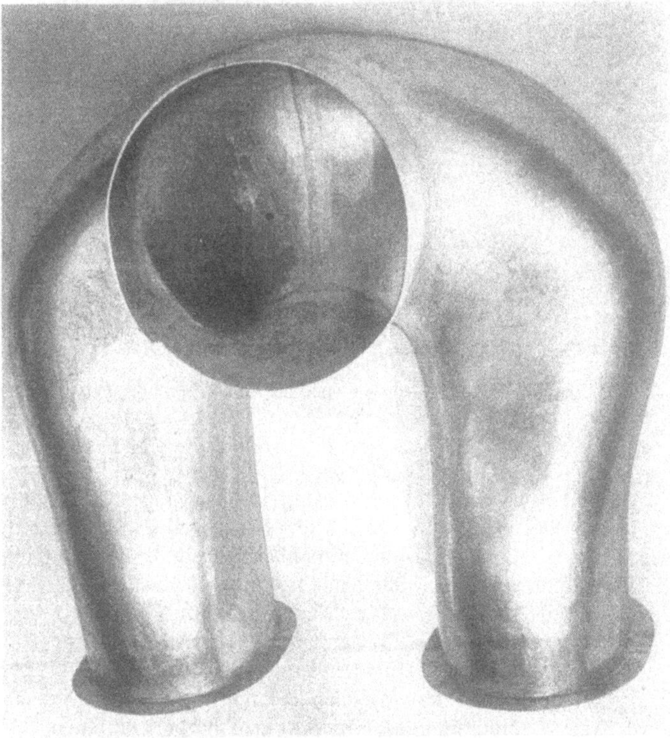

Abb. 103. Ansaugschacht aus Aluminium (Foto Dornier).

mit der nötigen Sorgfalt ausgeführt, so bietet auch die Schweißung kaum irgendwelche Schwierigkeiten.

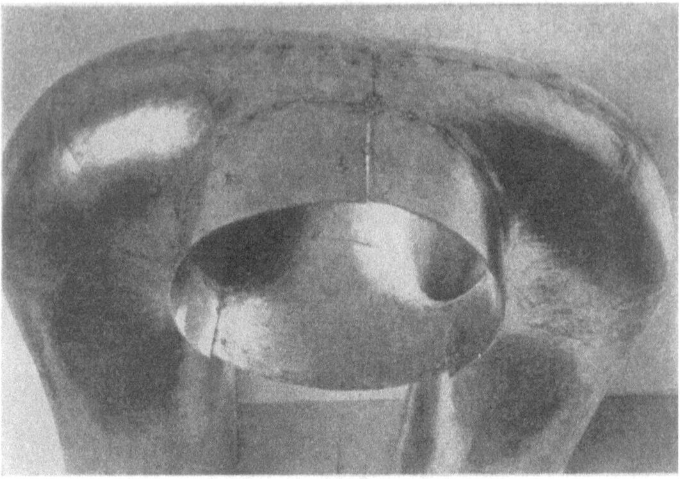

Abb. 104. Ansaugschacht nach Abb. 103 im gehefteten Zustand (Foto Dornier).

In Abb. 104 ist der Ansaugschacht im ausgehefteten Zustand zu sehen. Bei diesem Aluminiumschacht handelt es sich um eine der vielen in der Praxis vorkommenden Arbeiten, wobei auf die Heftschweißung nicht verzichtet werden kann, obwohl die Heftung von Leichtmetallen wegen der Rißgefahr nach Möglichkeit vermieden werden soll. Da ein geschweißter Leichtmetallkörper sich wesentlich müheloser verformen läßt als ein aus Stahl bestehender Hohlkörper von gleichen Abmessungen, lassen sich die durch freie Auswirkung der Spannungen hervorgerufenen Unstimmigkeiten ohne weiteres ausgleichen.

Der Richtungssinn der Schweißnähte soll von innen nach außen verlaufen. Im umgekehrten Falle würde eine Summierung der Spannungen Rißbildungen verursachen können.

Sind alle Verbindungsstellen des Werkstückes verschweißt, so werden sie mit den bekannten Mitteln gereinigt. Um beim nach-

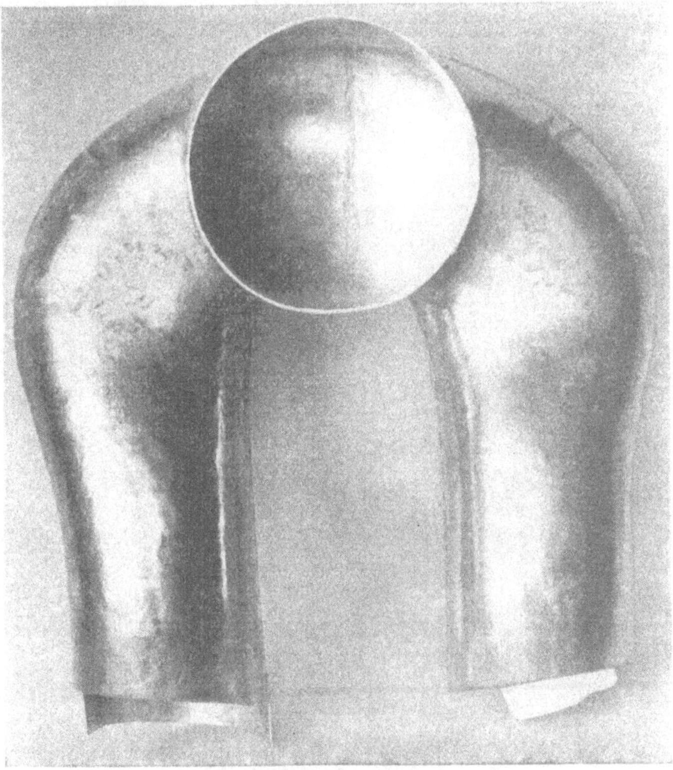

Abb. 105. Ansaugschacht nach Abb. 103 ausgeschweißt und nachbehandelt (Foto Dornier).

behandelten Werkstück die Beständigkeit gegen äußere Einflüsse weiterhin zu erhöhen, ist es empfehlenswert, den ganzen Bauteil mit einem Öllappen abzureiben (Abb. 105).

Leichtmetallbeschlagteile.

Abb. 106 und Abb. 107 zeigen Leichtmetallbeschlagteile für hohe Anforderungen. An Hand von Abb. 106 ist die Feststellung zu machen, daß der Richtungssinn der Raupen von innen nach

Abb. 106. Knotenstück für Fahrwerksfederstrebenanschluß der Junkers Ju 52 (Foto Junkers).

außen verläuft. Am verjüngten Ende der Versteifungsbleche wurde die Naht auf die Gegenseite übergeführt und nach etwa 5 mm Länge beendet. Diese Maßnahme soll bezwecken, daß das äußere Ende gegen die Einrißgefahr eine erhöhte Sicherheit bietet. Um die Spannungen nicht unnötig zu steigern, wird der übrige Teil der Verstärkungsrippen auf der Gegenseite nicht geschweißt.

Abb. 107. Anschlußknotenstück für Fahrwerksstrebe einer Junkers Ju-52 (Foto Junkers).

In Abb. 107 sind die gleichen Maßnahmen zu beobachten.

Es gibt wenig Flugzeugtypen, die einen ungeschweißten Motorträger aufweisen. Da dieser Teil des Flugzeuges den höchsten Beanspruchungen ausgesetzt ist, kann nur eine gewissenhafte und saubere Schweißarbeit die nötige Sicherheit verbürgen. Demnach sind zur Fertigung derartiger Bauteile nur hochqualifizierte und unbedingt zuverlässige Fachkräfte heranzuziehen. Da die verwendeten Konstruktionsformen sehr verschiedenartig sind, müssen auch die Fertigungsmethoden der jeweiligen Bauart entsprechen. Im Grunde genommen besitzen auch hier die allgemeinen Regeln der Schweißtechnik Gültigkeit. Als erschwerend fällt nur ins Gewicht, daß durch den größeren Umfang der Bauteile entsprechend mehr Faktoren zu beachten sind.

Die nachstehenden Beispiele sollen dazu beitragen, dem Schweißer einen Einblick in die schweißtechnische Fertigung verschiedener Bauarten zu verschaffen, um damit Anregungen für ähnlich geartete Konstruktionen zu geben.

V-Strebe für Triebwerksgerüst.

Ein verhältnismäßig einfacher Bauteil ist die in Abb. 108 dargestellte Triebwerkstrebe. Das Werkstück setzt sich aus an den Enden geschlitzten Rohren, gestanzten Blechen sowie der Lagerbüchse und den Gabelköpfen zusammen.

Die schweißtechnische Fertigung kommt im Prinzip den früher beschriebenen Abstrebungen und Auskreuzungen in fast jeder Hinsicht gleich. Um Unstimmigkeiten nach Möglichkeit zu vermeiden, werden als Hilfsmittel geeignete Bauvorrichtungen verwendet.

Ist die Lagerbüchse mit dem Knotenblech verschweißt, so werden an den Aufhängeaugen die Verstärkungsscheiben angebracht. Vor dem endgültigen Zusammenbau der Einzelteile muß unbedingt nachgerichtet werden. Sind alle Zubehörteile in der Bauvorrichtung vereinigt und genügend gegen Maßveränderungen gesichert, so werden als nächstes die am Knotenblech einmündenden Rohre an mehreren Stellen geheftet.

Um in spannungstechnischer Beziehung den zu erwartenden Schwierigkeiten sogleich zu begegnen, hat die Schweißnaht immer an den äußeren Kanten des Knotenbleches zu beginnen. Bei umgekehrter Arbeitsweise verteilt sich die Wärme in großen Mengen auf die Rohrschenkel. Die nachfolgende Erkaltung verursacht dann eine beträchtliche Verkleinerung des Rohrwinkels.

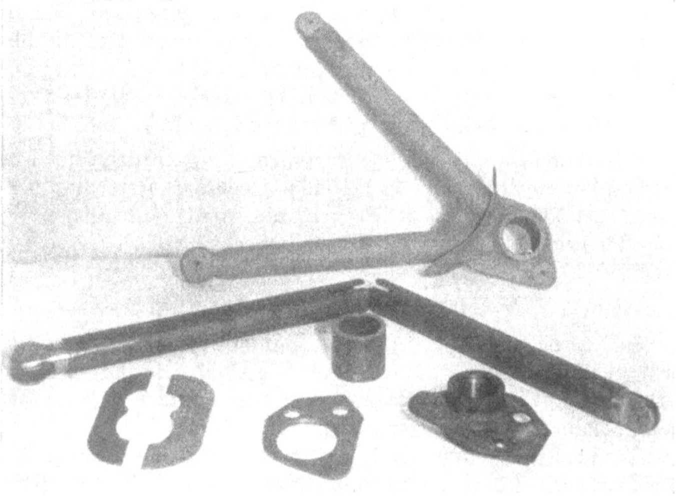

Abb. 108. V-Strebe für Triebwerkgerüst (Foto Dornier).

Vom wärmetechnischen Standpunkt aus betrachtet, ist die in spannungstechnischer Hinsicht gewählte Nahtrichtung ebenfalls vorteilhaft. Da die zu verbindenden Massen am Nahtanfang keine großen Unterschiede aufweisen, ist die Wärmeverteilung nicht schwierig. Bei fortschreitender Schweißung nach dem Inneren des Knotenpunktes treten die Gegensätze der Massen immer mehr in Erscheinung. Wenn auch bei dieser Arbeitsweise die längere Zeit stattfindende Wärmeabwanderung einen besseren

Ausgleich ermöglicht, so kann doch nicht ganz auf die Unterstützung des Schweißers durch einen Vorwärmer verzichtet werden. Beginnt die Schweißung innerhalb des Knotenpunktes, so ist nur durch gründliches Anwärmen der größeren Massen eine gute Verbindung zu erzielen. Neben erheblichen Zeit- und Wärmeverlusten verlangt diese Arbeitsweise vom Schweißer ein sehr geschicktes Vorgehen.

Die Befestigung der Flügelnasenanschlußbleche ist erst dann vorzunehmen, wenn die bisher verbundenen Teile nachgerichtet sind. Beim Verschweißen der Nasenbleche ist am besten auch stets von außen nach innen zu schweißen, so daß alle Nähte in den Knotenpunkt hineinverlaufen.

Als letzte Arbeit werden die Gabelköpfe verschweißt. Da am vorderen Anschluß durch die zahlreichen Schweißungen auch die Schrumpfwerte groß sind, muß beim Anbringen der Gabelköpfe danach getrachtet werden, die entstandene Differenz auszugleichen. Das geschieht auf sehr einfache Weise durch Einstellen der noch verschiebbaren Gabelköpfe (unter Berücksichtigung des zu erwartenden Schwindmaßes) auf die geforderte Entfernung. Damit die Abmessungen der Gabeln beim Verschweißen sich nicht verändern, ist zwischen die Laschen ein gut passendes Flacheisen zu spannen.

Nach beendeter Schweißung ist das Werkstück auf Maßhaltigkeit zu prüfen. Unstimmigkeiten sind mit der Schweißflamme zu beseitigen.

Triebwerkträger aus Preßteilen.

Die im Flugzeugbau verwendeten Konstruktionen haben den Anforderungen auf Festigkeit und geringes Gewicht zu entsprechen. Auch die wirtschaftliche Fertigung spielt eine Rolle. In Abb. 109 ist der Bestandteil eines neuartigen Triebwerkträgers dargestellt, der die drei geforderten Bedingungen in sich vereinigt.

Das Triebwerktraggerüst besteht in der Hauptsache aus gepreßten Stahlblechen, die an den Kanten stumpf miteinander verschweißt sind. Durch die gewählte Kastenform ist der Träger außerordentlich stabil, ohne hohe Eigengewichte zu besitzen. Im

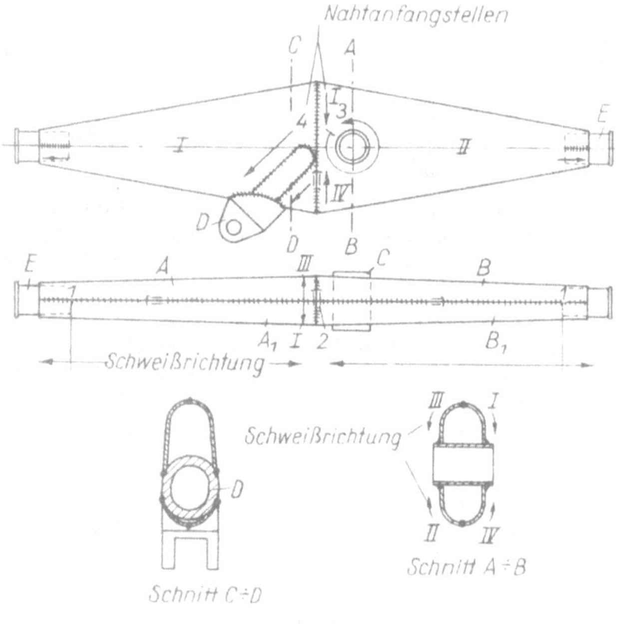

Abb. 109. Motorträger aus Preßteilen.

Gegensatz zu dem Motorbock nach Abb. 110 ist die Herstellungsweise denkbar einfach. Verfügt der Schweißer über ausreichende Erfahrungen, so ist die Arbeit bei richtiger Anordnung und Reihenfolge der Schweißnähte wenig schwierig.

Die vier gepreßten Bleche des Trägers werden zuerst verschweißt. Die notwendigen Bohrungen und Schlitze zur Aufnahme von Befestigungsteilen dürfen erst nach vollzogener Verbindung des Hohlkörpers eingearbeitet wer-

Abb. 110. Aus Stahlrohr gefertigtes Triebwerkgerüst (Foto Dornier).

den. Da die Herstellung dieser Werkstücke in größeren Mengen erfolgt, stehen als Hilfsmittel auch geeignete Bauvorrichtungen zur Verfügung. Zuerst werden die Seitenbleche A und A_1 sowie B und B_1 getrennt geheftet. Anschließend werden die gehefteten

Teile geschweißt. Da an den beidseitig verjüngten Enden des Trägers späterhin noch die Anschlußstücke verbunden werden müssen, hat der Nahtbeginn innerhalb der Blechhälften an Punkt 1 zu liegen. Am größten Querschnitt des Trägers läuft

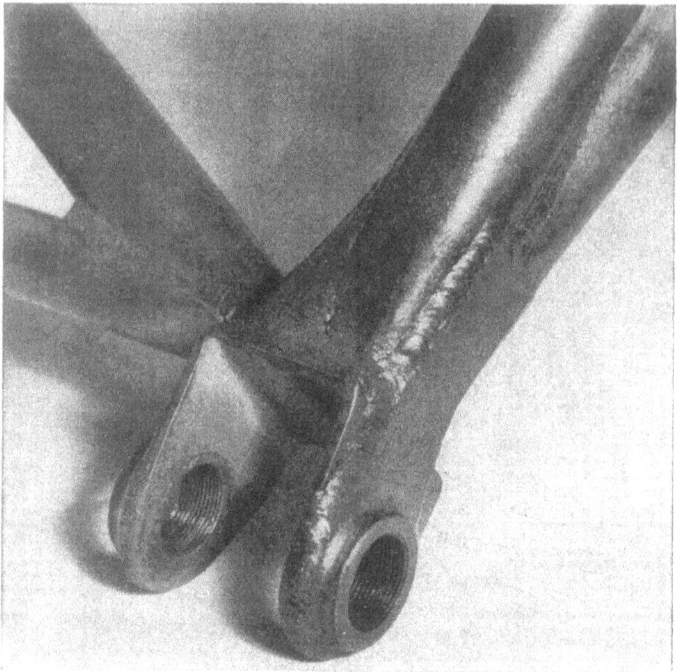

Abb. 111. Rumpfanschluß des Motorträgers nach Abb. 110 (Foto Dornier).

die Schweißraupe aus. Die letzte Wärme kann daher keinen großen Schaden anrichten, denn die große Fläche bietet den Spannungen einen großen Widerstand. Auf der Unterseite hat der Schweißer auf den gleichen Richtungssinn der Raupe zu achten, um unnötigen Verwerfungen vorzubeugen.

Die Verbindung der Teile I und II geschieht nach dem Ausrichten ebenfalls zunächst durch Heftschweißung. Die vollständige Verfestigung ist nach der in Abb. 109 angegebenen Richtung und Reihenfolge vorzunehmen. Das Nahtende liegt demnach auf beiden Seiten in der Mitte des Trägers. Die Schweißung vollzieht sich in vier Abschnitten. Die Spannungen summieren sich daraufhin wieder im größten Querschnitt des Werkstückes, wo die großen Massen einem Verziehen des Trägerarmes wirksam begegnen.

Würde beispielsweise die Verbindungsnaht der beiden Trägerhälften an der Oberseite begonnen und ohne Unterbrechung um das ganze Werkstück herumgeführt, so träten sicher beträchtliche Deformationen ein.

Nachdem die Trägerform vollkommen verschweißt ist, wird das Loch zur Aufnahme der Büchse C ausgearbeitet. Auf saubere Passung der Bohrung ist größter Wert zu legen, damit die Lage der Büchse späterhin keinen Anlaß zu Unstimmigkeiten gibt. Da die Schweißnaht auf beiden Seiten von C in einem Zuge um das Rohr herumzuführen ist, muß der Nahtanfang nach Möglichkeit dort liegen, wo sich die größte Trägermasse befindet. Durch diese Maßnahme wird wie beim Verschweißen der Trägerhälften verhindert, daß die Spannungen das Werkstück zu stark verformen.

Ist zur Aufnahme der Abstützstrebenbefestigung D der Schlitz in den Hohlkörper eingearbeitet, so kann auch dieser Teil verbunden werden. Um das Anschlußstück zu verschweißen, sind vier Nähte erforderlich. Die Anfangsstelle befindet sich immer an Punkt 4; die Schweißung verläuft demnach in Außenrichtung. Da die Schrumpfung mit fortschreitender Schweißraupe wandert, erscheint am Nahtende das weitaus größte Schwindmaß.

Das Verziehen des Werkstückes ist daher durch die Schweißvorrichtung zu verhindern. Ferner ist die Gabel der Stütze, die an der unteren Schmalseite des Trägers ebenfalls zu verschweißen ist, erst dann zu verfestigen, wenn der Gabelschaft verbunden ist. Er bildet dann mit dem Träger eine feste Masse; die Schrumpfung der äußeren Schweißzone vermag daraufhin das Werkstück nicht mehr zu verändern.

Als letzte Arbeit sind die beiderseitigen Anschlüsse an den verjüngten Enden des Werkstückes einzuschweißen. Sind die Teile in die gewünschte Lage gebracht, so ist die Schweißung ohne Behinderung durchführbar. Hierbei hat die Nahtrichtung ebenfalls von innen nach außen zu verlaufen.

Dieses Beispiel zeigt deutlich, daß der Schweißer in bezug auf die Nahrichtung nach keiner festen Formel vorgehen kann. Maßgebend ist die Konstruktion des Werkstückes; diese ergibt, ob eine Schweißrichtung als zweckmäßig erscheint oder nicht. Betrachtet man die Faktoren: Spannungen und Deformationen, so kommt man zu dem Ergebnis, daß, um niedrige Spannungswerte zu erhalten, stets vom Knotenpunkt weg zu schweißen ist; um geringe Deformationen zu erhalten, die Schweißung jedoch nach dem Knotenpunkt verlaufen muß.

Unterer Motorbock der Do 18.

Sind alle Einzelteile entsprechend zugerichtet, so kann mit dem Zusammenbau des Trägers begonnen werden. Wie aus Abb. 112 hervorgeht, verbindet man zunächst die beiden Lagerbuchsen 1 und 2 mit den Rohren 3 und 4. Als Hilfsmittel wird eine Bauvorrichtung verwendet. Die Lagerbuchsen werden auf für den Zusammenbau bestimmte Bolzen geschoben. Bei der Wahl der Achsentfernung der Buchsenhalter ist auf jeden Fall das Schwindmaß zu berücksichtigen. Die Größe der Schrumpfung hängt wiederum von der Arbeitsweise des Schweißers ab. Ist das Rohr 3 mit den Lagerstellen verbunden und auch das Rohr 4 mit dem inneren Ende verschweißt, so werden die Versteifungsbleche 5 aufgeheftet und vollständig mit der Buchse verfestigt.

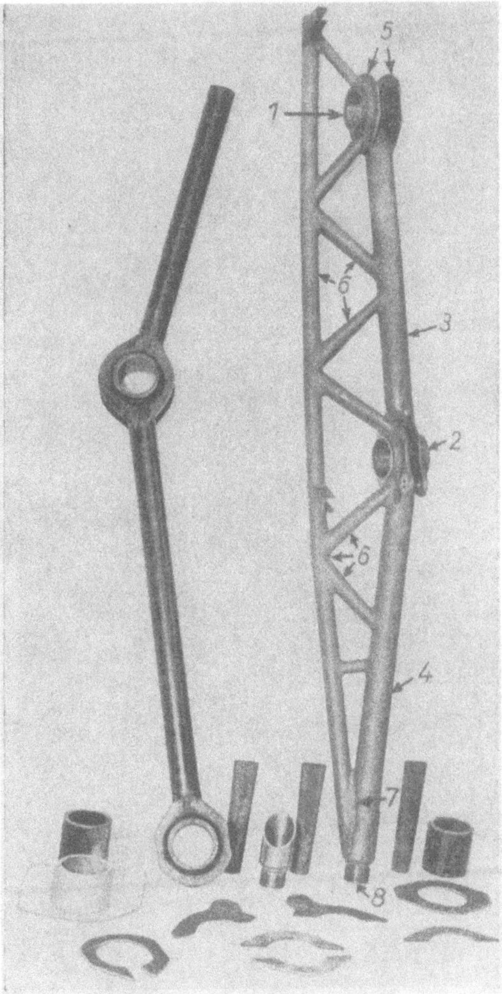

Abb. 112. Unterer Teil des Motorträgers der Do-18 (Foto Dornier).

Abb. 113. Knotenpunkt vom Motorbock der Do 18 (Foto Dornier).

Vor jeder weiteren Bearbeitung sind die verbundenen Teile auszurichten. Die Anbringung der übrigen Teile geschieht ebenfalls in der Bauvorrichtung. Nachdem alle Diagonalrohre an den betreffenden Stellen sauber eingepaßt sind, werden sie mit dem Ober- und Untergurt geheftet und später ausgeschweißt. Um gegenüber den vorzunehmenden Schweißungen am Ober- und Untergurt Ausbeulungen zu verhindern, ist es zweckmäßig, vor der Schweißung die äußeren, glatten Seiten der Gurte an den in Frage kommenden Zonen mit Gegenwärme zu behandeln. Auf diese Weise wird die zu erwartende Schrumpfung an der Innenseite der Rohre ausgeglichen.

Abb. 114. Triebwerkgerüst der He 42 (Foto Heinkel).

Ist der Träger bis auf die Verbindungsstellen 7 und 8 verschweißt worden, so läßt man ihn erkalten. Ist der Gabelkopf an Schweißstelle 8 eingerichtet, so kann auch die Schweißung der letzten Teile erfolgen. Das anschließende Ausrichten beschränkt sich nur auf die Beseitigung kleinerer Unstimmigkeiten; größere Fehler sind nun nicht mehr auszugleichen. Das Werkstück wird nach beendetem Ausrichten nur dann die geforderten Maße aufweisen, wenn bei der Fertigung alle nötigen Vorkehrungen getroffen worden sind. Bevor an dem Flugzeugbauteil eine weitere mechanische Bearbeitung vorgenommen wird, erfährt es eine gründliche Prüfung auf Schweißrissigkeit.

Triebwerkgerüste für Sternmotoren.

Sehr umfangreich gestaltet sich die Herstellung von Motorböcken für Sternmotoren.

Der erste Arbeitsgang besteht im Zurichten aller Einzelteile. Als mechanisch bearbeitete Teile werden die Anschlußaugen am Motorring sowie die Anschlußrohre bzw. Lagerungen eingebaut. Der Motorring ist zu biegen. Beträgt die Stärke der Rohrwandung des Motorringes weniger als 2 mm, so ist das Rohr vor dem Biegen mit trockenem Sand zu füllen, um Knickstellen zu vermeiden. Die Formung der Ringe erfolgt entweder mit einer Rohrbiegemaschine oder von Hand um eine entsprechende Vorrichtung. Wo am Rohr die erste Formveränderung vorgenommen wird, neigt es leicht zu Knickungen. Der Sand muß fest eingestampft werden, um Fehlbiegungen zu vermeiden. Wie die Biegung von Hand am besten vorzunehmen ist, kann aus Abb. 115 entnommen werden. Das zu krümmende Rohr berührt etwa in seiner Mitte tangential die Biegeschablone. Mit einem gekerbten Holzklotz und einer Schraubzwinge wird das Rohr an dieser Stelle fest an die Schablone gepreßt. Anschließend werden beiden Rohrenden zu gleicher Zeit um die Vorrichtung herumgezogen, bis sie sich gegenüber der angezwingten Stelle reichlich überschneiden. Wurde das Rohr im kalten Zustand gebogen, so federn die Rohrenden beim Loslassen um einen bestimmten Betrag zurück. Der Durchmesser des Ringes wird dadurch wesentlich vergrößert. Wird nun von allem Anfang der Durchmesser der Biegevorrichtung um die Differenz des Zurückfederns kleiner gehalten, so brauchen nur die Rohrenden nach dem Freilassen abgesägt zu werden, und die gewünschte Abmessung des Ringes ist vorhanden. Da

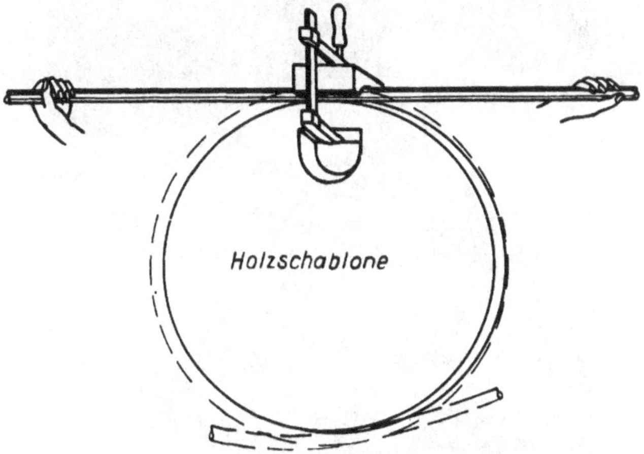

Abb. 115. Biegen von Stahlrohrringen.

sich bei dieser Arbeitsweise keinerlei Spannungen nach dem Biegevorgang im Werkstück befinden, wird nach vollendeter Schweißung an der Verbindungsstelle des Ringes kaum ein Knick wahrnehmbar sein. Ist dagegen der Ring vor der Schweißung gewaltsam in der gewünschten Lage gehalten worden, so sind die Deformationen nach beendeter Verbindung weitaus größer. In dem in Abb. 116 gezeigten Fall ist der Ring im Durchmesser um etwa 4 mm größer gehalten, damit nach dem Verschweißen aller Teile das vorgeschriebene Maß erreicht wird. Beim Nachrichten des Ringes auf vollkommene Kreisform kann durch richtige Anwendung von Gegenwärme ein Ausgleich geschaffen werden.

Zum Verschweißen der Anschlußaugen für die Triebwerkbefestigung am Ring ist eine geeignete Bauvorrichtung zu Hilfe

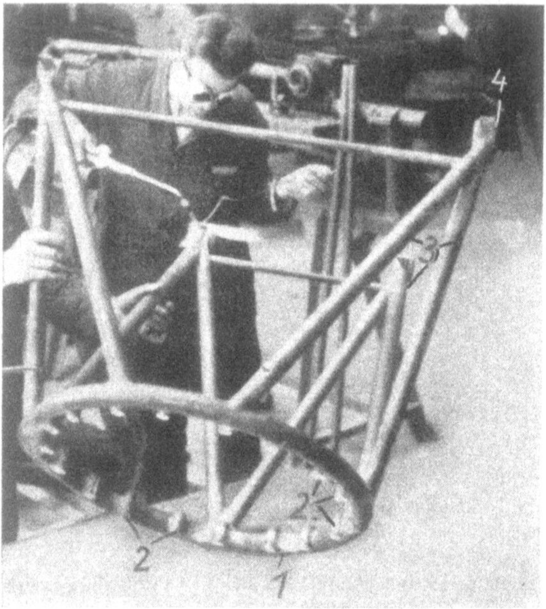

Abb. 116. Motorbock für Sternmotoren (Foto Dornier).

zu nehmen. In dieser werden die betreffenden Teile zunächst geheftet, dann genau gerichtet und schließlich ausgeschweißt. Um ein größeres Verziehen des Ringes zu vermeiden, wird die Schweißfolge derart gewählt, daß einander gegenüberliegende Befestigungsbuchsen sich in der Reihenfolge der Schweißung ablösen. Auch die Abstände der Lochachsen bleiben auf diese Weise maßhaltiger. Nach beendeter Schweißung. wird der Ring abermals gerichtet.

Beim nächsten Arbeitsgang wird die Anpassung der Rohrstreben zwischen dem Ring und der Lagerung vorgenommen. Als Hilfsmittel dient die in Abb. 117 ersichtliche Schweißvorrichtung. Sind alle vier Lagerstellen eingesetzt, so wird der Ring durch Beilegscheiben um etwa 4 mm höher gebracht, als es am fertigen Stück der Fall ist. Diese Maßnahme ist wegen der zu erwartenden Schrumpfung in der Höhe des Werkstückes notwendig. Die angegebene Zahl von 4 mm stellt einen Erfahrungswert dar. Der Motorring ist nun an allen Stellen zu bezeichnen, wo die Rohrstreben einzumünden haben. Beim Anpassen ist großer Wert darauf zu legen, daß die Rohre, die den höchsten Beanspruchungen ausgesetzt sind, zwischen Lager und Ring unmittelbar verbunden werden; die weniger beanspruchten Rohre sind seitlich anzusetzen. Die Heftung der Rohrstreben wird zunächst nur an den Füßen vorgenommen; die Schweißung erfolgt außerhalb der Vorrichtung. Nach Beendigung der erforderlichen Richtarbeiten kommen die einseitig verschweißten Streben wieder in die Lehre. Dabei stellt man fest, daß nach dem Ausschweißen der unteren Knotenpunkte die Rohre sich um etwa 2 mm verkürzt haben. Daraufhin sind die 4 mm starken Beilagen durch 2 mm starke Unterlagen zu ersetzen, um den Luftzwischenraum, den der Motorring und die oberen Strebenenden bildeten, zu beseitigen. Anschließend werden die Teile geheftet und nach Möglichkeit in der Vorrichtung verschweißt. Auf diese Weise werden größere Deformationen der gesamten Konstruktion verhindert. Als eine der letzten Arbeiten werden die Lagerbuchsen mit den darauf befindlichen Stahlblechen verschweißt. In Abb. 116 führt der Schweißer diese Tätigkeit außerhalb der Vorrichtung aus, weil an derartigen Enden neue Verformungen nicht zu befürchten sind.

Damit die Hauptschweißpunkte nicht durch die beim Verbindungsvorgang erzeugten Spannungen unnötig belastet werden, ist das fertig ausgeschweißte Werkstück nochmals in die

Abb. 117. Motorbock für Sternmotoren mit Schweißvorrichtung (Foto Dornier).

Vorrichtung zu spannen und mit dem Schweißbrenner an den in Frage kommenden Punkten zu glühen. Nach dem Erkalten ist der Bock aus der Vorrichtung zu nehmen und nachzurichten. Die Anschlußpunkte werden dann weiter mechanisch bearbeitet.

Abb. 118. Triebwerkträger der He 46 (Foto Heinkel).

Der in Abb. 118 dargestellte Triebwerkträger wird auf ähnliche Art wie das vorhergehende Baumuster angefertigt. Unterschiede im Aufbau bestehen darin, daß der Ring für den Motoranschluß offen ist und die Rumpfanschlüsse gabelförmig ausgebildet sind. Wiederum ist der kreisbogenartige Motoranschluß unter Beachtung der Schwindmaße mit den Anschweißteilen zu verbinden. Der Zusammenbau aller Elemente erfolgt in der dazugehörigen Bauvorrichtung (Abb. 119/120). Wie die

Abb. 119. Schweißvorrichtung für den Motorbock der He 46 (Foto Heinkel).

Abb. 120. Triebwerkträger der He 46 in der Schweißvorrichtung (Foto Heinkel).

Schweißung des Bockes an den Rumpfanschlußteilen vorzunehmen ist, zeigt Abb. 121.

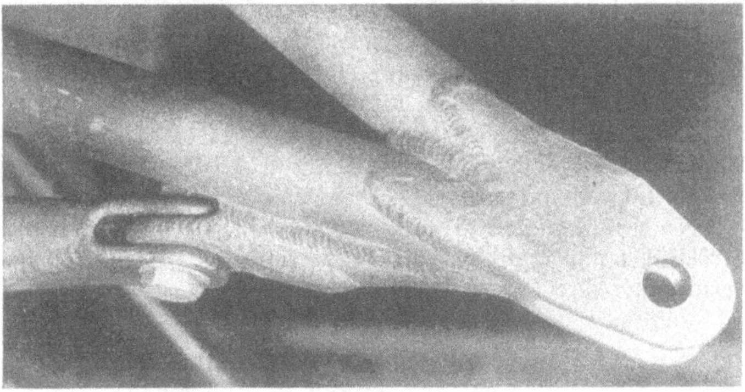

Abb. 121. Geschweißtes Anschlußstück am Motorbock der He 46 (Foto Heinkel).

Es ist festzustellen, daß der Schweißer bei jeder Naht innerhalb des Rohrsystems begonnen hat. Neben niedrigen Spannungswerten ist das Werkstück nur geringen Deformationen ausgesetzt.

Die Leitwerkfabrikation stellt insofern an den Schweißer andere Anforderungen, als dieser weitgehend mit der einwandfreien Schweißung hauchdünner Rohrwandungen vertraut sein muß. Die Nahtstärke ist nach Möglichkeit den Abmessungen der Rohrwandungen anzugleichen, damit keine unnütze Gewichtzunahme eintritt. Da die Schweißung an den Verbindungsstellen niemals so dünn wie die Rohrwandung ausgeführt werden kann, verzichtet man oft auf die vollständige Verbindung der Nahtlängen. Vielfach spielt daher die Heftschweißung eine sehr bedeutende Rolle, da sie neben genügender Festigkeit eine erhebliche Gewichtsverminderung herbeiführt und auch geringere Deformationen des Werkstückes verursacht.

Die Herstellungsweise eines Seitenruders.

Je besser die Hilfsmittel sind, um so einfacher gestaltet sich die Arbeit.

Abb. 122 zeigt ein geschweißtes Seitenruder. Aus arbeitstechnischen Gründen zergliedert man das Ruder in mehrere Herstellungsstufen. Diese entfallen auf die Anfertigung der Zubehörteile, der Rippen, der Diagonalen, des Holmes und den vollständigen Zusammenbau.

Herzustellende Zubehörteile sind hauptsächlich der Segmenthebel, die Rudergelenke und der Randbogen. Der erstere besteht aus verschweißten Rohren, die an den Hebelenden mit gabelförmig gebogenen Blechen verbunden sind. Wird bei der Schweißung die in Abb. 122 angegebene Richtung eingehalten, so sind keine Schwierigkeiten zu befürchten. Auch das Anschweißen der Augen an die Rudergelenkbuchsen ist verhältnismäßig einfach. Viel größere Anforderungen stellt die Formung des Randbogens aus Ovalrohr, denn die Biegung ist in der Längsrichtung des Querschnittes vorzunehmen. Damit auch bei kleinen Krümmungsradien jede Knickbildung unterbleibt, ist das Rohr vor der Biegung mit trockenem, feinkörnigem Sande sorgfältig zu füllen. Da trotz allen Vorkehrungen die Formgebung auf kaltem Wege mit großen Widerständen verbunden ist, leistet der Schweißbrenner als Hilfsmittel sehr wertvolle Dienste.

Der Rippenbau ist auf einfache und schnelle Art zu bewerkstelligen. Aus Abb. 123 gehen alle Einzelheiten hervor. Als Rippenschablone dient ein Brett, das mit einem 3 bis 5 mm starken Eisenblech beschlagen ist. In die Rippenunterlage sind eiserne Führungsstifte verbohrt, welche die völlige Gleichheit aller Bauteile verbürgen. Die Rippe selbst besteht aus dem Ober- und Untergurt, den Stegen sowie den Diagonalrohren und gegebenenfalls noch aus Anschweißteilen. Ober- und Untergurt sind größtenteils aus einem Rohr hergestellt. Die scharfe Biegung an der Rippennase wird mit einer Schablone vorgenommen. Der leicht gewölbte Teil der Gurte wird mit dem Gummihammer geformt. Bei kleineren Rippenabmessungen bestehen die Stege und Diagonalrohre aus einem Stück. Wie aus dem groß herausgezeichneten Knotenpunkt in Abb. 123 hervorgeht, wird das Rohr mit einer Spezialzange zusammengedrückt und durch kreisförmigen Übergang in die neue Richtung gebracht. Da das zeitraubende Einpassen eines jeden Rohres durch die Biegevorgänge wegfällt, beansprucht die Rippenherstellung wenig Zeit. Nachdem alle Verstärkungsteile in der Rippe vorhanden sind, wird mit der Schweißung begonnen. An den Verbindungsstellen wird beidseitig nur etwa eine Strecke von 5 mm Länge verschweißt, die übrige Naht erfährt keinerlei Verfestigung. Die Heftschweißung der Knotenpunkte ist in spannungsausgleichender Reihenfolge durchzuführen. Die in Abb. 123 angegebenen Zahlen entsprechen dieser Forderung. Bevor die geschweißten Rippen eingebaut werden, müssen sie gründlich auf Maßhaltigkeit nachgerichtet werden.

Das Zurichten des Holmes erfolgt ebenfalls in einer geeigneten Lehre (Abb. 124). Diese besteht aus einem kräftigen

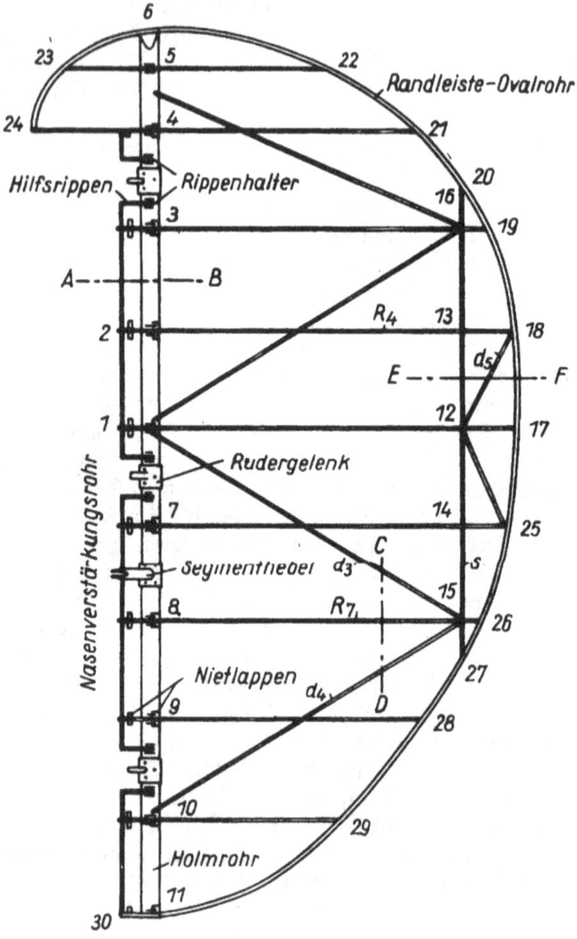

Abb. 122. Geschweißtes Seitenruder aus Stahlrohr.

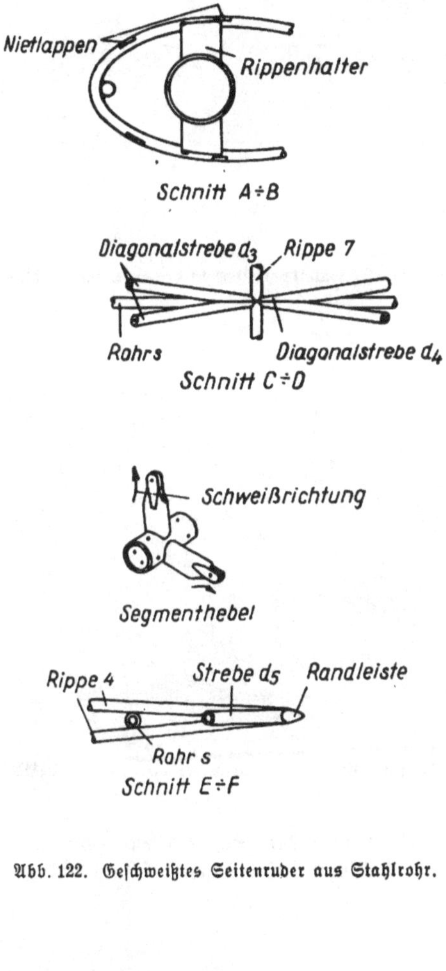

Abb. 122. Geschweißtes Seitenruder aus Stahlrohr.

U-Eisen, auf dem Halteeinrichtungen für die am Holmrohr zu befestigenden Bauteile angebracht sind. Zunächst werden die

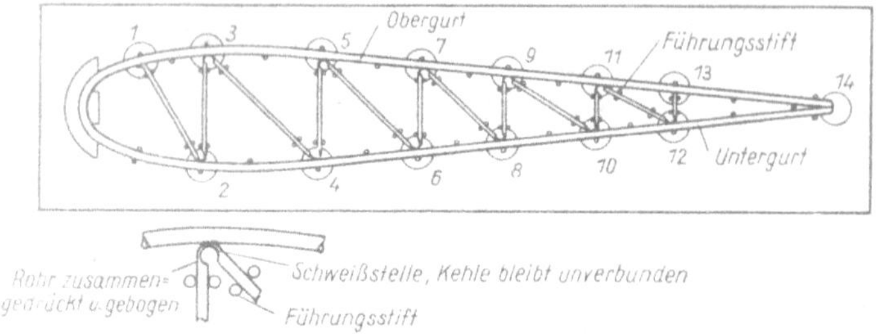

Abb. 123. Seitenleitwerkrippe in der Schweißvorrichtung.

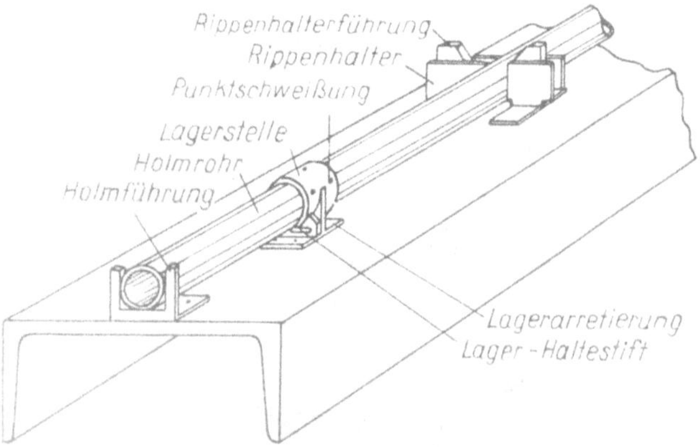

Abb. 124. Teil eines Seitenruderholmes in der Lehre.

Rudergelenkbuchsen und der Segmenthebel auf den Holm geschoben. Das Einrichten auf die gewünschten Abmessungen wird durch die Vorrichtung erreicht. Die Verbindung erfolgt durch Heftschweißung.

Die aufzuschweißenden Buchsen besitzen am Umfang mehrere Bohrungen von etwa 6 bis 8 mm Durchmesser. Innerhalb dieser Löcher wird nun das Holmrohr erhitzt, bis der Werkstoff an der Oberfläche zu schmelzen beginnt. Gleichzeitig verflüssigen sich auch die Lochwandungen, wodurch beide Bauteile eine innige Verbindung eingehen. Durch Zuführung von Zusatzwerkstoff werden anschließend die Unebenheiten ausgeglichen. Um Verwerfungen des Holmrohres vorzubeugen, sind gegenüberliegende Punkte nacheinander zu schweißen.

Abb. 125. Schweißer beim Ausschweißen eines Hilfsseitenruders (Foto Dornier).

Damit die Rippen des Ruders mit dem Holm verbunden werden können, sind besondere Rippenhalter erforderlich; denn in den seltensten Fällen berühren sich die Rohrwandung des Holmes und die Ober- und Untergurten der Rippen unmittelbar. Als Zwischenglieder werden meist dünne U-förmige Bleche gewählt. In Abb. 122 geht aus dem Schnitt A—B hervor, wie die Anordnung der Verbindungsstege zu treffen ist. Da der einbaufertige Holm bereits mit den Rippenhaltern ausgerüstet sein muß, hat das Anbringen schon in der Bauvorrich-

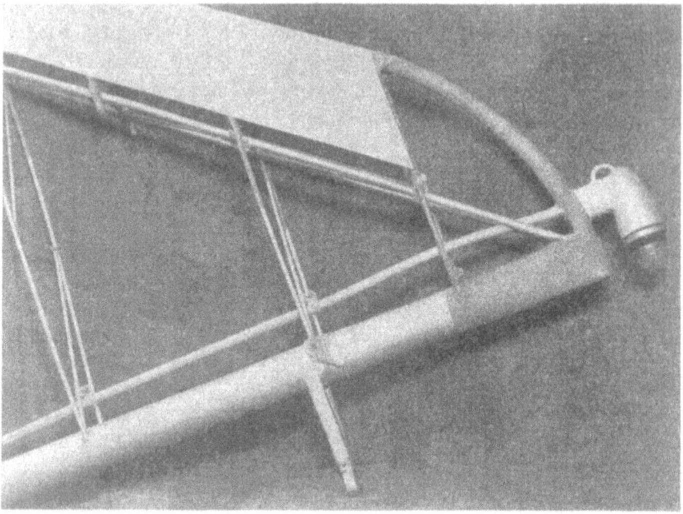

Abb. 126. Teilansicht einer geschweißten Seitenflosse (Foto Heinkel).

tung des Holmes zu erfolgen. Damit das Verschweißen der Rippenhalter am Holm ohne große Verformungen des letzteren möglich ist, zieht man auch bei dieser Arbeit die Heftschweißung vor. Trotz alledem ist das Holmrohr, nachdem alle Teile verschweißt sind, mit Hilfe des Brenners nachzurichten.

Der Zusammenbau des Seitenruders geschieht ebenfalls in einer besonderen Bauvorrichtung. Alle dazugehörigen

Teile werden in der Lehre zusammengesteckt. Selbst die Diagonalrippen sind sogleich miteinzuziehen, da der spätere Einbau Schwierigkeiten bereitet. Die Schweißfolge richtet sich nach der Konstruktion. Die in Abb. 122 angegebene Reihenfolge der Verbindungspunkte entspricht den geforderten Bedingungen. Sind am Nasenteil der Rippen die Nietlappen zur Befestigung der Nasenverkleidung vor der Montage des Ruders nicht angeschweißt worden, so ist auch diese Arbeit noch zu tun.

Die Nachbehandlung des Ruders besteht im Nachrichten auf Maßhaltigkeit, Reinigen der Schweißstellen und in der Prüfung aller Verbindungspunkte auf Rißfreiheit.

Höhenleitwerkbau.

Die größeren Abmessungen des Höhenleitwerkes sowie seine höheren Beanspruchungen bedingen gegenüber dem Seitenleitwerk eine weitaus kräftigere Bauweise. Die Holmkonstruktionen der Höhenflosse sind meistenteils als Gitterträger ausgeführt,

Abb. 127. Ausgeschweißtes Höhenleitwerk (Foto Heinkel).

da dieser Bauteil hauptsächlich auf Biegung beansprucht wird. Am Ruder werden dagegen Holmen mit ringförmigen Querschnitten vorgezogen, da die hohen Verdrehungskräfte, die auf das Ruder einwirken, von dieser Bauform am besten aufgenommen werden. Die größere Zahl der Konstruktionsteile stellt auch an den Schweißer gesteigerte Anforderungen.

Abb. 128. Leitwerkmittelstück (Foto Heinkel).

Abb. 129. Leitwerkmittelteil mit Ruderhebel (Foto Heinkel).

Die Herstellung aller Einzelteile geschieht auf getrennten Wegen. Die größte Beachtung ist dem Holmbau zu schenken, denn der Holm bildet das wichtigste Glied des Werkstückes. Die dazu erforderlichen Vorrichtungen entsprechen der üblichen Bauweise. Jedem Rohr wird durch Halteeisen die gewünschte Lage gegeben. Alle festliegenden Punkte, wie Ruderanschlüsse und

Abb. 130. Teilansicht des eingeschweißten Flossenholmes (Foto Heinkel).

Befestigungsteile, müssen in ihren Abmessungen unbedingt stimmen. Deshalb sind an diesen Stellen die Arretiervorrichtungen in der vollkommensten Weise auszubilden. Wie aus den Abb. 127 bis 131 hervorgeht, sind die Hauptteile vollständig zu schweißen. Heftverbindung kommt nur für schwächere Bauteile von untergeordneter Bedeutung in

Frage. Die Wahl der Arbeitsfolge geschieht nach den gleichen Gesichtspunkten wie beim Seitenleitwerkbau. Die letzte Tätigkeit des Schweißers besteht im Ausrichten des Werkstückes.

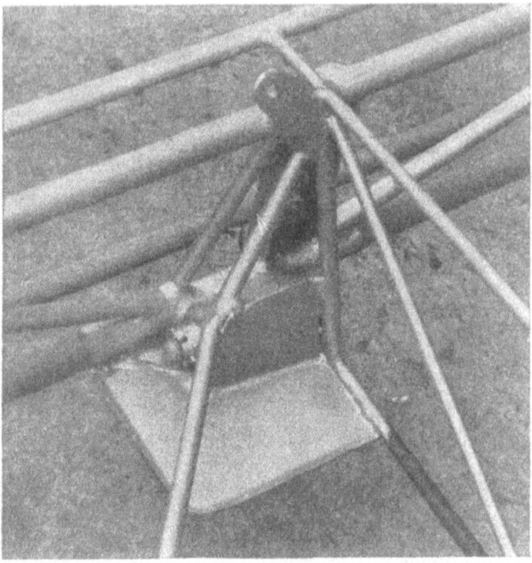

Abb. 131. Höhenruderlager an der Flosse (Foto Heinkel).

Allgemeine Richtlinien.

Die vielseitigen Forderungen, denen ein brauchbarer Rumpf entsprechen muß, sind weitgehend bei der Herstellung zu berücksichtigen. Bearbeitungstechnische Schwierigkeiten verlangen geeignete Bauvorrichtungen. Ohne dieses Hilfsmittel ist die Herstellung eines maßhaltigen Rumpfes niemals durchführbar. Die Vorrichtungen sind vielfach umfangreicher als das herzustellende Werkstück. In erster Linie ist die Spannung und das Schwindmaß zu beachten. Die Lehre muß derart beschaffen sein, daß die verschweißten Rohre nach der gewünschten Seite arbeiten können. Die Anschläge sind vor allen Dingen dort anzubringen, wo während des Schweißvorganges mit Ausbrüchen, Wulstbildungen, Einziehungen und Beulenbildungen zu rechnen ist. Weiterhin müssen die Vorrichtungen eine ausreichende Versteifung haben, damit keine Formveränderungen durch Einwir-

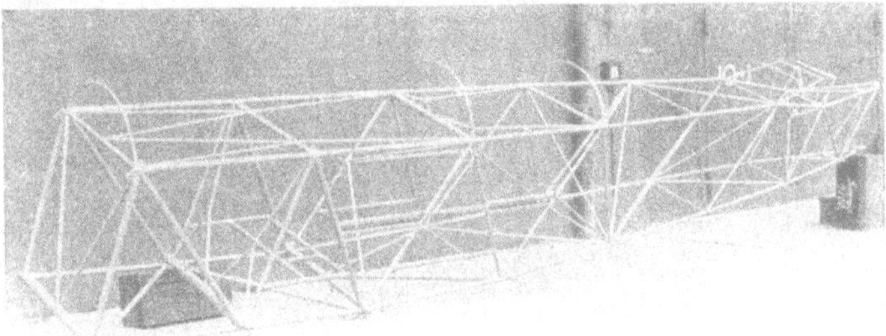

Abb. 132. Rumpfgerüst der He 42 (Foto Heinkel).

kung der Spannungen eintreten. Schließlich ist wichtig, daß alle Verbindungsstellen gut zugänglich sind, damit der Schweißer durch die Lehre nicht behindert wird. Aus diesem Grunde sind die Vorrichtungen häufig drehbar gelagert, um auch die Rückseite der Schweißstelle in günstigster Lage bearbeiten zu können, z. B. bei der Herstellung von Rumpfseitenwänden.

Es gibt verschiedene Arten von Bauvorrichtungen. Hauptsächlich wird zwischen der Heftlehre und der Schweißlehre unterschieden. Bei der Schweißlehre wird die vollständige Verbindung des betreffenden Knotenpunktes in der Lehre vorgenommen, wobei die einzelnen Rohre nacheinander angesetzt und verschweißt werden. Anders verhält es sich bei der

Abb. 133. Stahlrohrrumpf in der Schweißvorrichtung (Foto Heinkel).

Heftlehre. Alle Streben, die das fertige Werkstück enthält, werden zu gleicher Zeit in die Vorrichtung eingelegt und geheftet. Sind alle Teile an mehreren Stellen durch Heftpunkte miteinander verbunden, so läßt man das Werkstück erkalten. Anschließend wird es aus der Vorrichtung entfernt und außerhalb dieser vollständig ausgeschweißt. Neben Vorrichtungsarten, die ausschließlich zur direkten Unterstützung des Verbindungsvorganges dienen, gibt es noch eine Menge anderer Lehren, die für Vor-

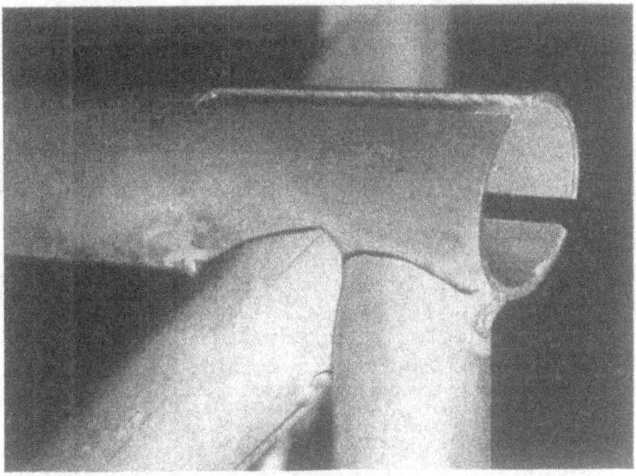

Abb. 134. Gehefteter Rumpfknotenpunkt (Foto Heinkel).

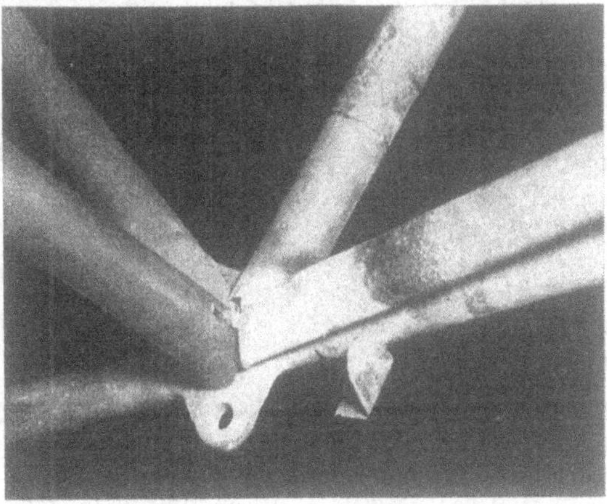

Abb. 135. Gehefteter Rumpfknotenpunkt mit mehreren Abzweigen (Foto Heinkel)

und Nacharbeiten benötigt werden. Sonstige Hilfsgegenstände, wie Halteschienen, Distanzstäbe, Schraubzwingen und Spannschlösser vervollständigen den Werkzeugsatz.

Abb. 136. Das Anschweißen einer Rohrstrebe mit Hilfsgeräten (Foto Bücker).

Abb. 136 zeigt den Schweißer bei der Anbringung einer Rohrstrebe an einen Träger. Die dabei verwendeten Hilfsgeräte sind eine Wasserwaage mit Gradeinteilung und ein Distanzrohr mit Haltespannschloß.

Um den Aufbau größerer Systeme in übersichtlicher Form zu vollziehen, betrachtet man das ganze Werkstück als Baugruppe. Diese ist nun in richtiger Weise in Untergruppen zu zergliedern. Die Untergruppen eines Stahlrohrrumpfes können sich aus den Spanten, den Seitenwänden, dem Mittelstück, der oberen und unteren Rumpfebene und sonstigen Auskreuzungen und Anschweißteilen zusammensetzen. Die Herstellung dieser Teile kann einzeln in ebenen Schablonen sehr schnell und ohne große Behinderung erfolgen; auch das nachträgliche Ausrichten der verschweißten Systeme ist in einfacher Weise durchführbar. Durch die Unterteilung der Baugruppen wird erreicht, daß am räumlichen Gerüst die Schweißstellen nur noch in beschränkter Zahl vorhanden sind.

Viele Verbindungsstellen sind bereits derart verfestigt, daß sie kaum noch deformiert werden können.

Rumpfspantenbau.

Als Rumpfspanten werden die im Rumpfquerschnitt befindlichen Auskreuzungen bezeichnet. Die Form der Spanten ist außerordentlich verschieden; sie richtet sich nach den jeweiligen Anforderungen und der Größe der zu übertragenden Kräfte. Als Werkstoff werden ausschließlich Stahlrohre mit runden und ovalen Querschnitten verwendet.

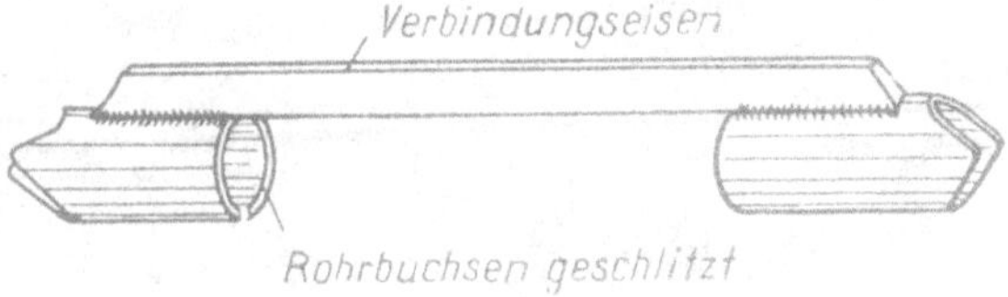

Abb. 137. Anreißlehre für Stahlrohrstreben.

Der erste Arbeitsgang besteht im Zurichten der Streben auf Länge und die erforderlichen Gehrungswinkel. Da es sich meist um Serienherstellung handelt, wird für jede Rohrlänge eine Zuschneideschablone angefertigt (Abb. 137). Die beiden Enden der Lehre besitzen die gewünschte Form der Gehrungs=

Abb. 138. Aushau= und Figurenschere.

Abb. 139. Stempelkopf einer Aushau- und Figurenschere.

winkel. Um die Stahlrohre ungehindert in die Zuschneidevorrichtung einschieben zu können, ist es zweckmäßig, die Führungshülsen zu schlitzen. Entweder dient die Lehre nur zum Anreißen der betreffenden Gehrungswinkel, oder die Schablone wird gleichzeitig beim Zuschneiden der Rohrenden als Anschlag benützt. Im ersteren Falle werden die Rohre außerhalb der Lehre zugeschnitten; im zweiten Falle erhalten die Rohrenden innerhalb der Vorrichtung ihre endgültige Form. Da bei der Massenherstellung das Zuschneiden der Gehrungswinkel von Hand sehr zeitraubend ist, wird diese Arbeit heute fast ausschließlich mit der Maschine ausgeführt. Als geeignete Werkzeugmaschinen kommen die Aushau- und Figurenscheren in Frage (Abb. 138 und 139). Da diese Maschinen mit verschiedenen Stempelköpfen ausgerüstet sind, lassen sich auch kleine Rohrdurchmesser bearbeiten. Das Ausbrechen der Rohrwandungen geschieht auf mehrere Arbeitshübe. Vor dem Einbau der zugeschnittenen Streben in die Schweißvorrichtung werden sie nochmals gründlich auf Einbeulungen und sonstige Werkstofffehler hin untersucht.

In Abb. 140 ist eine Bauvorrichtung zum Verschweißen von Rumpfspanten gezeigt. Sie besteht aus einer drehbar gelagerten Holzplatte mit Eisenblechbeplankung. Jedes Rohr wird durch Halteeisen in die gewünsche Lage gebracht und durch Knebel fest in die Vorrichtung gepreßt. An den zu schweißenden Knotenpunkten ist die Vorrichtung durchbrochen. Die Wandungen der Durchbrüche sind ebenfalls mit Eisenblech beschlagen, damit das Holz nicht verbrennt. Bei dieser Bauweise der Lehre kann man den Spant auf beiden Seiten fast vollständig verschweißen, ohne ihn aus der Vorrichtung herausnehmen zu müssen. Da die äußere Begrenzung der Spanten späterhin die Rumpfgurte bilden, ist die Lehre weiterhin mit schwenkbaren Begrenzungsrohren versehen, die im Maß wie die Rumpfgurte gehalten sind. Durch diese Vorkehrung kann der Spant im verschweißten Zustand mühelos aus der Vorrichtung entfernt werden. Aus den Abb. 141 und 142 gehen nähere Einzelheiten über die konstruktive Durchbildung der Lehre an den Punkten C, D und E hervor.

Trotz der Anwendung gut durchkonstruierter Schweißvorrichtungen ist es keineswegs gleichgültig, in welcher Reihenfolge die Verbindung der einzelnen Knotenpunkte vorgenommen wird.

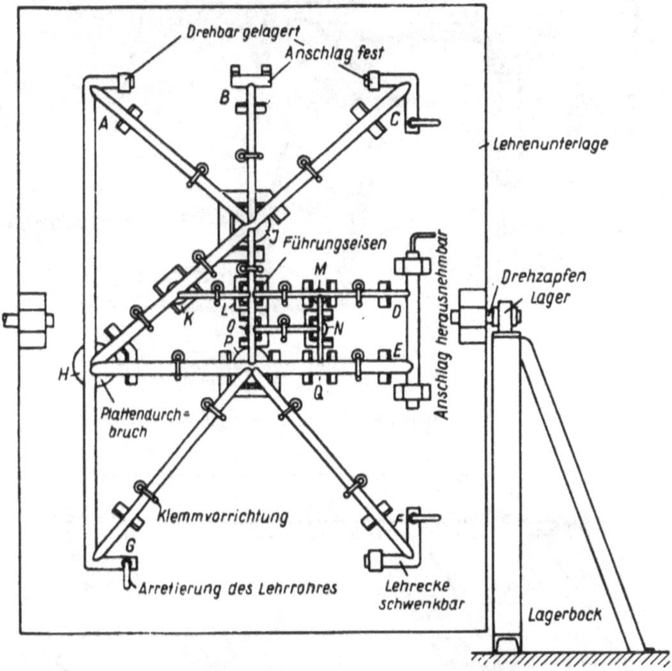

Abb. 140. Schweißvorrichtung zur Herstellung eines Rumpfspantes.

Der besseren Übersicht halber ist in Abb. 143 die vorher in der Lehre gezeigte Auskreuzung mit Eintragung der Schweißfolge herausgezeichnet worden. Der Schweißer hat sich darüber klar zu sein, daß stets dann mit großen Spannungen zu rechnen ist, wenn Dreiecksverbände geschlossen werden. Deshalb ist an der=

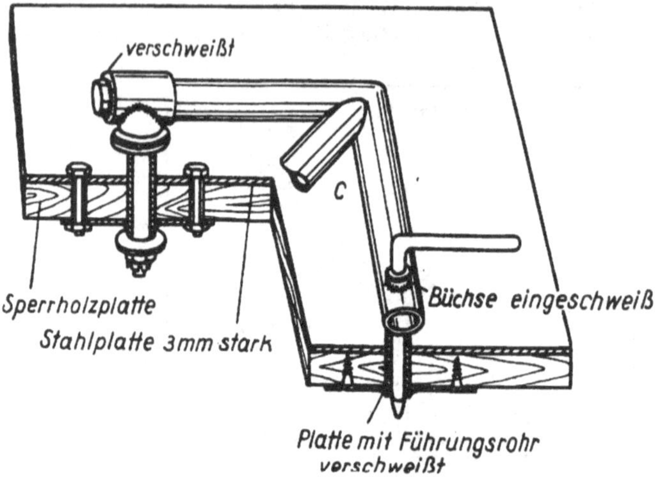

Abb. 141. Ansicht der Lehrenecke C nach Abb. 140.

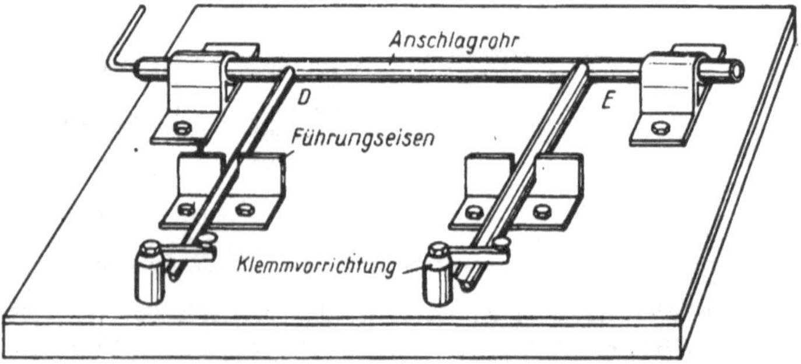

Abb. 142. Teilansicht der Spantenschablone nach Abb. 140.

artigen Verbindungspunkten die Schweißung zuletzt vorzunehmen. Nach der Verbindung der Knotenpunkte 1 und 2 ist das Rohrsystem noch in keiner Weise mit Spannungen belastet. Bevor weitere Punkte verschweißt werden, empfiehlt es sich, die verbundenen Teile aus der Vorrichtung herauszunehmen und

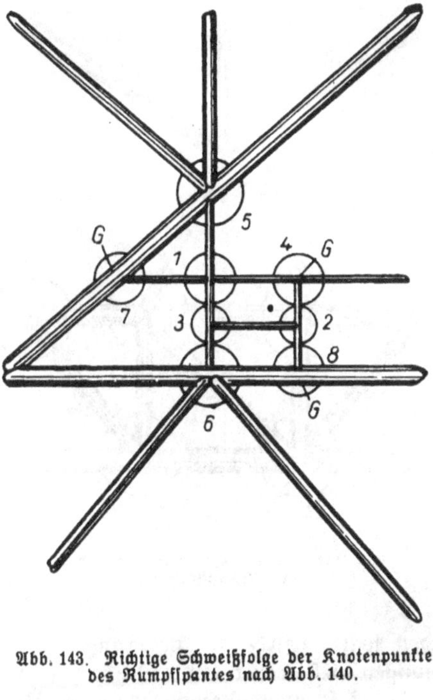

Abb. 143. Richtige Schweißfolge der Knotenpunkte des Rumpfspantes nach Abb. 140.

auf gerade Richtung der Rohre zu ziehen. Nach dem Verbindungsvorgang an den Punkten 3, 4, 5 und 6 ist kaum mit wesentlichen Spannungen zu rechnen, denn die Schrumpfung der Schweißstellen wird nicht durch Gegenkräfte gehindert. Zum Teil ist dies auch noch an der 8. Verbindungsstelle der Fall. Nach Vollendung der Schweißung an Punkt 7 erfährt das Rohrsystem eine beträchtliche Belastung durch Spannungen, weil der geschlossene Dreiecksverband eine freie Auswirkung der Schrumpfungen nicht mehr zuläßt. Wenn Punkt 7 am Anfang ver-

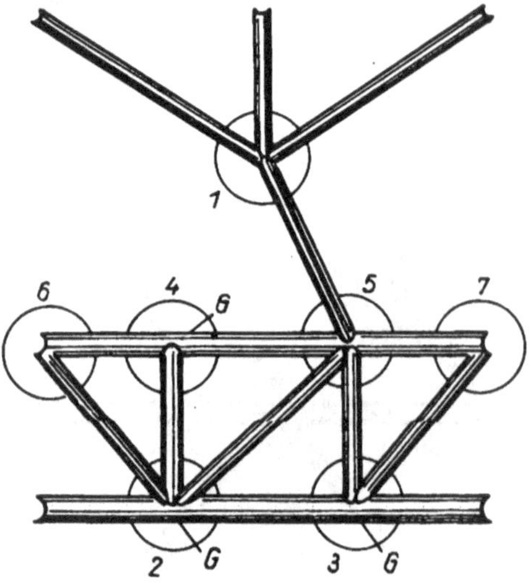

Abb. 144. Arbeitsfolge beim Schweißen eines Rumpfspantes.

bunden worden wäre, würde die Belastung des Rohrsystemes durch Spannungen viel größer sein. Da das Nachrichten eines Dreiecksverbandes fast unmöglich ist, wird der Punkt H vorläufig nicht geschweißt, sondern nur an einigen Punkten geheftet; die vollständige Verbindung erfolgt beim Rumpfzusammenbau. Um an großen Rohrquerschnitten einen Wärmeausgleich an einseitigen Schweißstellen herbeizuführen, ist gegenüber den Verbindungspunkten vor dem Schweißen mit Gegenwärme zu arbeiten. Die in Abb. 143 mit G bezeichneten Stellen sind derart zu behandeln.

Abb. 144 zeigt eine andere Spantenform. Die Schweißfolge richtet sich auch hier nach denselben Grundsätzen wie bei der ersten Konstruktion. Sind alle Streben in die Vorrichtung eingelegt, wird an den mit G bezeichneten Stellen Gegenwärme gegeben. Sie bewirkt an den Punkten 2, 3 und 4 eine Verkürzung der äußeren Rohrseite. Die Schweißung wird zuerst am Knotenpunkt 1 vollzogen. Alle dort einmündenden Rohre bieten der Schrumpfung keinerlei Widerstand, weil die gegenseitigen Strebenenden frei beweglich sind. Die nächsten Verbindungsstellen liegen am unteren Hauptrohr. Hier herrschen ähnliche Verhältnisse wie beim ersten Knotenpunkt, auch die gegenüberliegenden Rohrenden sind noch frei beweglich. Ferner benötigen die Verbindungspunkte am Hauptrohr die größten Wärmemengen, wodurch auch die stärkste Schrumpfung zu erwarten ist. Da nach dem Schweißvorgang die Schrumpfung hauptsächlich an der inneren Rohrseite eine Verkürzung verursacht, war die vorher gegebene Gegenwärme durchaus berechtigt. Wenn auch das Hauptrohr nach dem Verbindungsvorgang meistens Krümmungen aufweist, ist doch immerhin erreicht worden, daß die Unstimmigkeiten sich in Grenzen bewegen, die jederzeit auszugleichen sind. Bei der Schweißung von Punkt 4 entstehen die ersten Spannungen, die aber unbedeutend sind. Ist auch Punkt 5 als letzte Schweißstelle ausgeführt, so kann von einem Spannungsausgleich nicht mehr die Rede sein. Die bereits verfestigte Konstruktion verhindert in jeder Weise eine unbeeinflußte Schrumpfung. Die Spannung nimmt dadurch zu und gibt dem ganzen Rohrsystem eine nicht zu unterschätzende Vorbelastung, die bei schweißtechnisch ungünstigen Konstruktionen oft auch zu Rißbildungen in der Schweißnaht führt. Die Punkte 6 und 7 sind am einzelnen Stück weder zu heften noch zu schweißen, die Verbindung erfolgt späterhin gleichzeitig mit den Rumpfgurten.

Wie jedes andere geschweißte Bauteil sind auch die Spanten nach der Verbindung zu richten. Diese Arbeit ist oft sehr schwierig, zumal die geringen Wandstärken der Stahlrohre zu Beulenbildungen neigen. Bei der Erwärmung unter Spannung stehender Rohrsysteme ist besondere Vorsicht geboten, damit

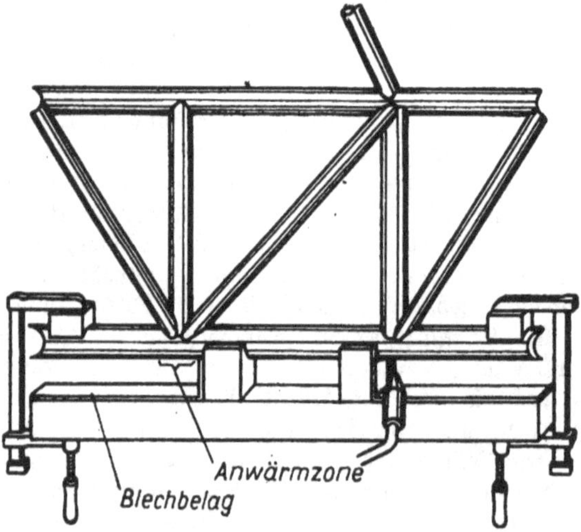

Abb. 145. Ausrichten des Rumpfspantes nach Abb. 144.

Stauchungen (Wulstringe) vermieden werden. Abb. 145 zeigt das Ausrichten eines Spantteiles. Als Hilfsgeräte dienen ein mit Formstücken versehener Holzbalken, zwei Schraubzwingen mit halbrund ausgearbeiteten Preßhölzern und der Schweißbrenner. Da das untere Gurtrohr an den beiden Schweißstellen eine Krümmung nach unten hat, kommt der Spant derart in die Biegevorrichtung, daß sich die Krümmungsstellen kurz vor den Unterstützungshölzern befinden. Die an den Rohrenden sichtbaren Schraubzwingen werden nur leicht angezogen. Sobald nun mit Hilfe des Schweißbrenners die Unterseite des Rohres zum Glühen kommt, hat das Rohrende das Bestreben, nach oben auszuweichen und damit die Knickbildung zu vergrößern. Da aber die Schraubzwingen einen kräftigen Widerstand bieten, bewirkt die Ausdehnung gleichzeitig eine Stauchung des erhitzten Werkstoffes. Mit zunehmender Erkaltung zieht sich das Rohrende nach unten, wobei sich die bisherige Richtung des Hauptrohres wesentlich ändert. Bei großen Unstimmigkeiten des Hauptrohres ist das Richten vorsichtshalber auf mehrere Arbeitsgänge zu verteilen, damit jede unerwünschte Deformation des Rohres unterbleibt, denn nur völlig einwandfreie Auskreuzungen sind für den Einbau in Rumpfgerüste brauchbar.

Die Herstellung von Rumpfseitenwänden.

Die Rumpfseitenteile setzen sich aus den Ober- und Untergurten und den dazwischenliegenden Stegrohren und Diagonalstreben zusammen. An den Ober- und Untergurten befindet sich eine Reihe wichtiger Anschlußpunkte, an denen die Maßeinteilungen genau eingehalten werden müssen. Da die Abmessungen dieser Bauteile beträchtlich sind, ist möglichst eine weitere Zergliederung der Fertigungsstufen vorzunehmen. Die Ober- und Untergurte werden demnach zunächst getrennt hergestellt. Da bei einem Gurtrohr, entsprechend den Anforderungen, verschiedene Querschnittsformen und Rohrstärken benötigt werden, muß der Zusammenbau aus mehreren Teilen erfolgen. Auch hier ist eine maßhaltige und serienmäßige Fertigung nur bei Verwendung von Bauvorrichtungen erreichbar. Oftmals nimmt man aus wirtschaftlichen Gründen die Vorrichtungen für den Seitenwandzusammenbau auch für die Herstellung der Gurtrohre. Alle Anschlußpunkte, an denen die Maße unbedingt einzuhalten sind, werden in der Vorrichtung

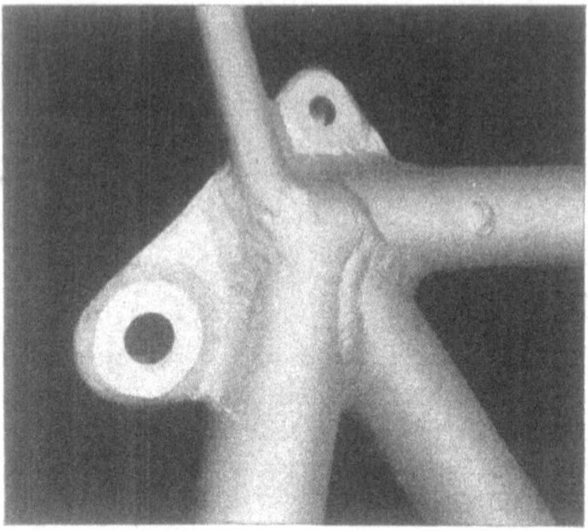

Abb. 146. Anschlußpunkt an einem Gurtrohr (Foto Heinkel).

Abb. 147. Fahrwerkanschluß (Foto Heinkel).

festgelegt. Nach dem Einpassen der dazwischenliegenden Rohrstreben wird die Schweißung begonnen. Jede Verbindungsstelle wird soweit wie irgendmöglich verfestigt, damit später keine bedeutenden Werkstoffverkürzungen und -verwerfungen eintreten. Der letzte Arbeitsgang besteht wiederum im Ausrichten der verschweißten Gurtrohre.

Um einen Einblick in den Zusammenbau von Rumpfseitenwänden zu bekommen, ist es zweckmäßig, an einigen Beispielen die Arbeitsgänge zu verfolgen. Wie groß oft die Schwierigkeiten an derartigen Werkstücken sind, geht daraus hervor, daß sich eine erfolgversprechende Arbeitsweise vielfach nicht vorher festlegen läßt, sondern man sich nach den bei den ersten Bauteilen gemachten Erfahrungen zu richten hat. In Abb. 148 ist das Vorderteil einer Rumpfseitenwand in der Lehre schematisch dargestellt. Die Bauvorrichtung besteht aus einem drehbar gelagerten U-Eisenrahmen, auf dem Halteeisen und sonstige Vorrichtungen zur Aufnahme der einzelnen Bauelemente angebracht sind.

Die Anschlußbeschläge, die genaueste Maßhaltigkeit besitzen müssen, werden mit der Lehre fest verschraubt oder durch Bolzen gehalten. Gleichzeitig mit den Beschlagteilen werden die Gurtrohre in die Vorrichtung eingelegt und durch Schraubzwingen gehalten. Die Schrauben oder Bolzen werden mit Graphit eingeschmiert, damit sie nach der Schweißung wieder mühelos entfernt werden können.

Ober- und Untergurt sowie das Rohr D werden zuerst mit den dazugehörigen Beschlagteilen verschweißt. Alle innerhalb des Rahmens liegenden Verbindungsstellen sind zunächst zu verfestigen, bevor die Rohrauskreuzungen eingelegt werden. Der Knotenpunkt A ist besonders hohen Beanspruchungen ausgesetzt, weil sich Fahrwerk- und Triebwerkanschluß an dieser Stelle befinden. Um zwischen dem kräftigen Fahrwerk-Anschlußbeschlag und der dünnen Rohrwandung eine gute Verbindung zu erzielen, wird ersterer an der Schweißstelle auf die Stärke der Gurtrohr-

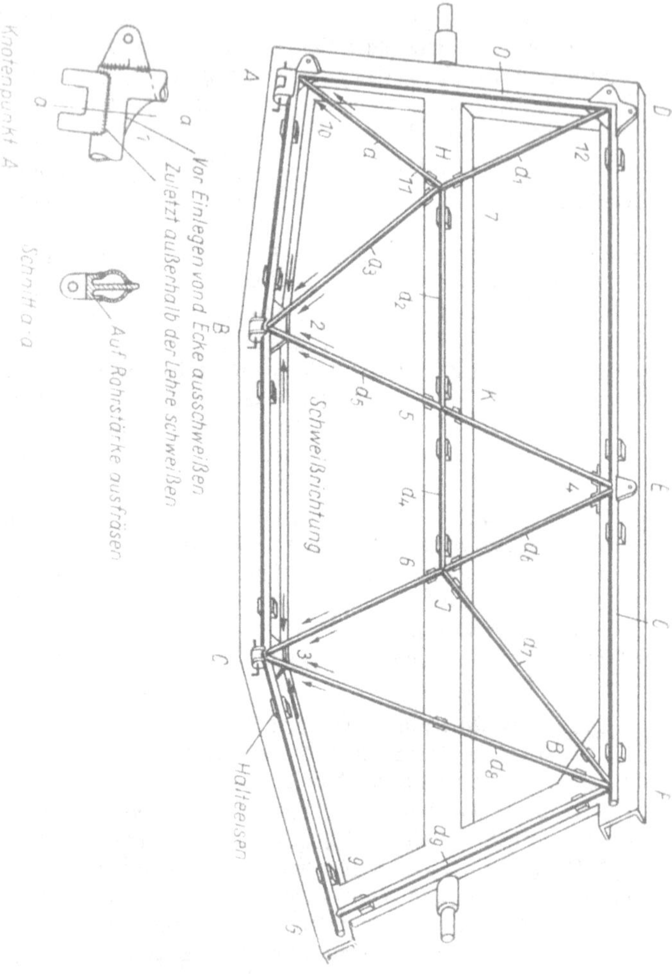

Abb. 148. Vorderteil einer Rumpfseitenwand in der Schweißvorrichtung.

wandung ausgefräst. Nähere Einzelheiten gehen aus Abb. 148 hervor. Nach dem Einlegen der Rohrauskreuzungen ist die Schweißfolge derart zu wählen, daß die Knotenpunkte schrumpfen

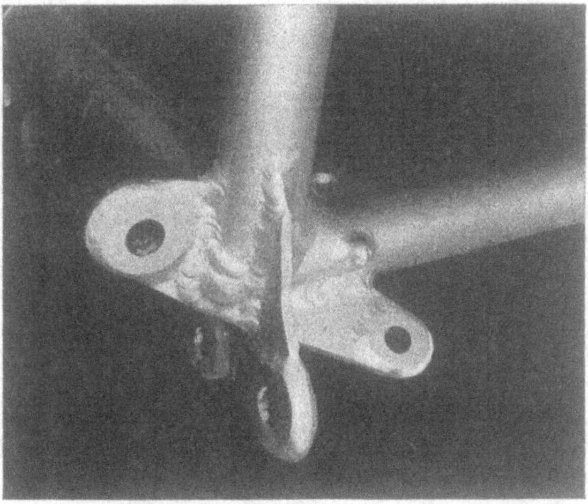

Abb. 149. Knotenpunkt für Motorträgeranschluß (Foto Heinkel).

können, ohne bei Nachbarteilen schädliche Spannungen hervorzurufen. Die in Abb. 148 angegebene Reihenfolge entspricht diesem Gesichtspunkt.

Die Knotenpunkte B und C benötigen weitaus die größte Wärme. Es ist daher an diesen Stellen auch die größte Schrumpfung zu erwarten. Da die gegenüberliegenden Verbindungspunkte noch keinen Widerstand leisten, kann die Schrumpfung ungehindert eintreten, ohne gefährliche Spannungen zu hinterlassen. Erst nach dem Erkalten beider Knotenpunkte ist der Punkt E zu verfestigen. Die mittleren Verbindungsstellen K und I werden in diesem Falle nicht zuerst geschweißt, da sie weniger umfangreich sind. Die zu erwartenden Schrumpfungen besitzen daher auch keine große Bedeutung. Außerdem würden bei vorheriger Schweißung die betreffenden Rohre große Deformationen erleiden, da das Rohrsystem noch über keinerlei Halt verfügt. Am Punkt H sind zunächst nur die Streben d_1, d_2 und d_3 miteinander zu verbinden. Würde das Rohr d

Abb. 150. Flügelanschluß (Foto Heinkel).

gleichzeitig mit verschweißt, so ist mit Rißbildungen in der Naht an Punkt A zu rechnen. Da zum Einschweißen der Strebe d in Punkt A eine mehrfach größere Wärmezufuhr als bei Punkt H benötigt wird, treten auch größere Schrumpfungen ein; die

Schweißung von d ist daher zuerst an Punkt A vorzunehmen. Die Reihenfolge der anderen Verbindungspunkte ist derart gewählt worden, daß der Schweißer nicht auf die Erkaltung der gegenüberliegenden Nähte zu warten braucht. An den Verbindungsstellen 11 und 12 darf erst dann geschweißt werden, wenn die vorhergehenden Nähte ausgeschrumpft sind.

Da infolge der Vorrichtung nicht alle Schweißstellen zugänglich sind, müssen die restlichen Verbindungen außerhalb der Lehre vorgenommen werden. Auch an den Knotenpunkten A und D sind die an den Außenseiten der Gurte liegenden Nähte der Anschlußstücke mit als letzte Arbeit zu verschweißen.

Abb. 151 (Tafel I) zeigt ein anderes Beispiel. Die Rumpfseitenwand wird in einem Stück gefertigt. Die Vorrichtung besteht aus einer Holzunterlage mit Eisenblechverkleidung, dem Versteifungsrahmen sowie den erforderlichen Haltevorrichtungen.

Nach dem Befestigen der Gurtrohre werden alle Verstrebungen eingelegt. Die Schweißung hat an den Punkten zu beginnen, wo sich die Schrumpfung auswirken kann, ohne benachbarte Teile in Mitleidenschaft zu ziehen. Die Schweißung der Seitenwand läßt sich in zwei Arbeitsabschnitte zerlegen. Man beginnt entweder zuerst mit dem Vorderteil, wobei es als abgeschlossenes Ganzes hintereinander zu verschweißen ist, oder es wird das hintere Ende auf gleiche Weise zuerst verbunden. Schweißt man zuerst am Vorderteil den Punkt 1, so können alle Rohre ungehindert schrumpfen. Selbst nach der Verfestigung der Punkte 2 bis 6 treten keine bemerkenswerten Spannungen auf. Sobald jedoch die Verbindungsstellen 7 bis 12 verschweißt sind, wird das ganze Rohrsystem unter beträchtliche Spannungen gesetzt. Diese würden sich weitaus schädlicher auswirken, wenn die Schweißung von außen beginnend erfolgte, weil die Summe aller Spannungen sich dann hauptsächlich an Punkt 1 sammeln würde. Rißbildungen wären in diesem Falle unvermeidlich.

Betrachtet man den hinteren Teil der Seitenwand, so wird auch hier nach ähnlichen Grundsätzen zu arbeiten sein. Von innen beginnend, verlaufen die Verbindungsstellen in ihrer Reihenfolge nach dem hinteren Ende. Wird durch das abwech-

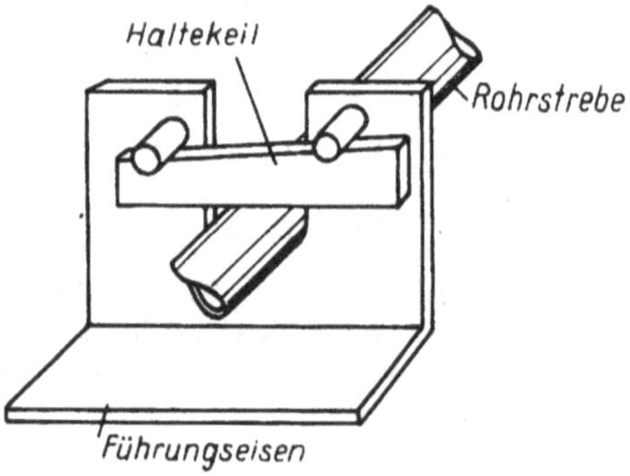

Abb. 152. Führungseisen einer Schweißlehre mit Klemmvorrichtung.

selnde Schweißen der Verbindungspunkte am Ober- und Untergurt ein starkes einseitiges Verziehen der Seitenwand beobachtet, so ist beim nächsten Bauteil auf andere Weise vorzugehen. Man schweißt dann entweder am Untergurt alle Verbindungsstellen hintereinander und anschließend am Obergurt, oder man schweißt erst den Obergurt und dann den Untergurt. Diese Frage ist selten vorher mit Gewißheit zu klären, sondern nach den gemachten Erfahrungen an Ort und Stelle zu entscheiden. Unstimmigkeiten entstehen vielfach durch zu streng eingepaßte Auskreuzungen. Hat eine Rohrstrebe nicht genügend Luft, so wird die bei der Erwärmung hervorgerufene Ausdehnung Verwerfungen bewirken. Nach dem Erkalten bleibt die einseitige Formveränderung bestehen; sie begünstigt auf der gegenüberliegenden Gurtseite Beulen- und Knickbildungen. Da die Beseitigung der-

Abb. 153. Verschweißter Knotenpunkt am Gurtrohr (Foto Heinkel).

Abb. 154. Knotenpunkt für Schwimmerstrebenanschluß (Foto Heinkel).

artiger Fehler am fertig geschweißten Werkstück sehr schwierig ist, muß von Anfang an alles peinlich genau beachtet werden. Sind die Rumpfseitenwände ausgerichtet, so werden sie gründlich geprüft.

Rumpfzusammenbau.

Sind alle vorangegangenen Arbeiten mit größter Sorgfalt und Genauigkeit ausgeführt worden, so geht auch der Rumpfzusammenbau reibungslos vonstatten.

Als weitere Vorarbeit für den Rumpfaufbau ist die Herstellung der oberen und unteren Ebene zu betrachten. Der Schweißer hat bei dieser Tätigkeit einbautechnische Gesichtspunkte zu berücksichtigen.

Abb. 155. Knotenpunkt in Schweißvorrichtung (Foto Heinkel).

Für die Rumpfmontage werden geeignete Bauvorrichtungen verwendet. Auf welche Art die zu verschweißenden Bauteile in der Lehre gehalten werden können, geht aus den Abb. 155 bis 157 eindeutig hervor. Abb. 155

Abb. 156. Rumpfgerüst in Schweißvorrichtung (Foto Heinkel).

zeigt eine Klemmvorrichtung, wie sie an Knotenpunkten von Rumpfseitenwänden zu finden ist. Durch die großen Außenmaße der Klemmbacken werden seitliche Quetschungen der Gurtrohre vermieden. In Abb. 156 ist ein größerer Teil der Lehre mit eingelegten Rumpfteilen ersichtlich. Die verschiedenen Anschlußstellen werden durch verhältnismäßig kräftige Halteeinrichtungen festgehalten. Um die kostspieligen Schweißvorrichtungen auch für andere Baumuster gebrauchen zu können, besitzen sie Verstellmöglichkeiten. Das Bild zeigt in den Fußboden eingelassene Führungsschienen, auf denen die Haltevorrichtungen verschoben werden können. In Abb. 157 fällt der kräftige Rohrrahmen der Lehre auf. Da es sich um die vordere Stirnwand des Rumpfes handelt, besitzen die Anschlußpunkte der Lehre dieselben Abmessungen wie das dazugehörige Triebwerkgerüst. Die

Abb. 157. Rumpfspitze in der Schweißvorrichtung (Foto Heinkel).

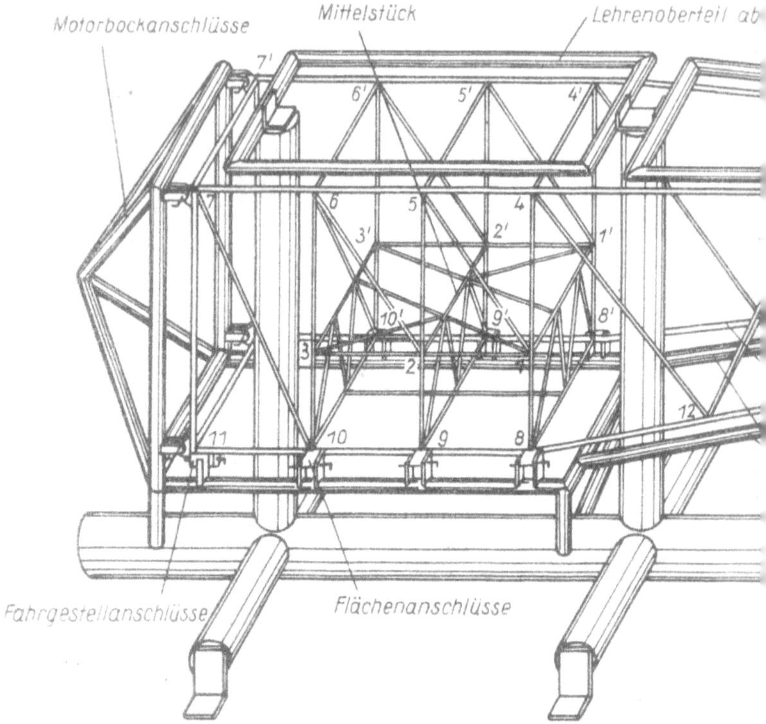

Motorbockanschlüsse
Mittelstück
Lehrenoberteil ab
7'
6'
5'
4'
7
6
5
4
3'
2'
1'
10'
9'
8'
3
2
1
12
11
10
9
8
Fahrgestellanschlüsse
Flächenanschlüsse

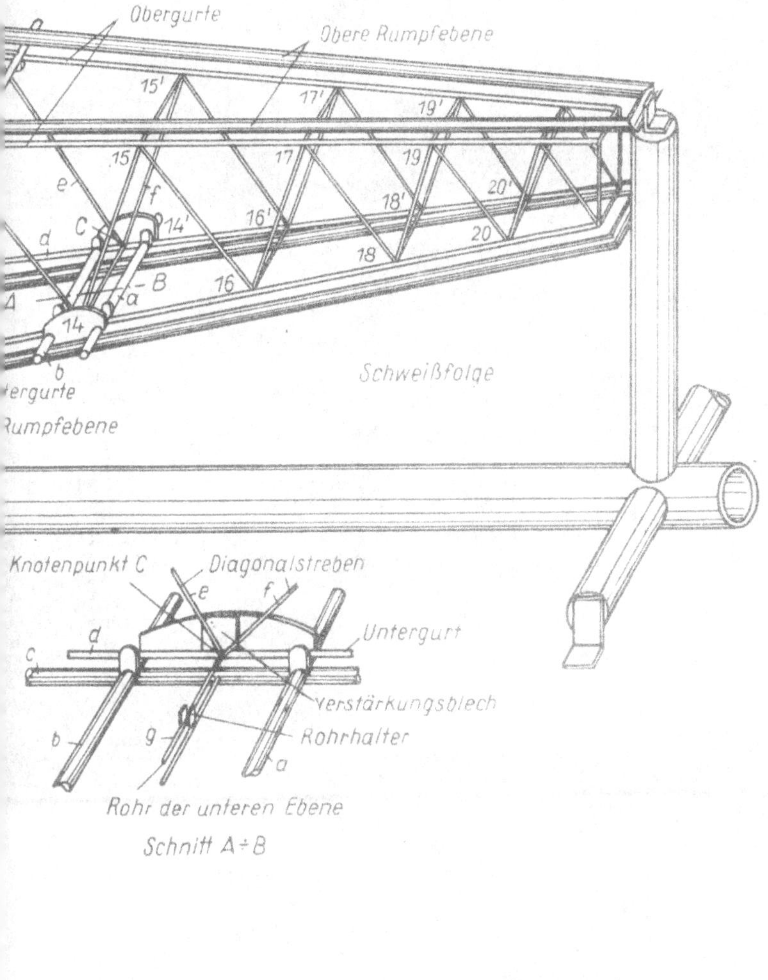

Obergurte
Obere Rumpfebene
15'
17'
19'
15
17
19
20'
18'
e
f
C
14'
16'
20
d
18
B
16
A
a
14
b
ergurte
Rumpfebene
Schweißfolge
Knotenpunkt C
Diagonalstreben
e
f
d
Untergurt
c
Verstärkungsblech
b
g
Rohrhalter
a
Rohr der unteren Ebene
Schnitt A÷B

Vorrichtung ist gewissermaßen das Negativ der vorderen Rumpfanschlüsse.

In Abb. 158 (Tafel II) ist eine Zusammenbaulehre mit darin befindlichem Rumpf dargestellt. Wenn auch das Werkstück und die Vorrichtung, um übersichtlich zu sein, nicht vollkommen der Praxis entsprechen, so läßt sich doch an Hand des Schemas manche wichtige Frage klären. Bevor Teile des Rumpfes in die Lehre gelangen, werden die Seitenwände mit dem Mittelstück außerhalb der Helling zusammengesteckt. Sind die Seitenwände in der Vorrichtung verschraubt und festgeklemmt, wird das abnehmbare Oberteil der Lehre aufgelegt und ebenfalls fest mit dem Werkstück verbunden. Die vier Gurtrohre des Rumpfes erhalten dabei zwangsläufig die Lage, die sie auch am fertigen Rumpf einnehmen müssen. Danach werden die Streben der oberen und unteren Rumpfebene eingesetzt und an mehreren Stellen geheftet. Das Schweißen des Rumpfgerüstes in diesem Bauzustand ist nur an solchen Stellen zu empfehlen, die späterhin durch die Querversteifungen abgedeckt werden. Im allgemeinen gilt der Grundsatz, daß jeder Knotenpunkt möglichst in einer Hitze zu schweißen ist. Dann werden die Spanten eingebaut. Weisen alle Paßstellen die zulässigen Toleranzen auf, so wird jeder Spant durch mehrere Heftpunkte mit dem Rumpfgerüst verbunden.

Das Ausschweißen des Rumpfes geschieht nach demselben Grundsatz wie die Verfestigung der Seitenteile; als unterschiedlich ist nur das räumliche Gerüst zu betrachten. Zu beginnen ist stets an den mittleren Knotenpunkten, wobei eine Seite nach der anderen in Außenrichtung verschweißt wird. Die in Abb. 158 eingezeichneten Ziffern geben weiteren Aufschluß über die Arbeitsfolge. Nicht jeder Rumpf ist nach der angegebenen Reihenfolge schweißbar, ausschlaggebend ist die vorliegende Konstruktion. Für eine Verbindungsstelle ist es um so günstiger, je weniger Wärme ihr zugeführt wird. Um keine unnötigen Spannungen zu erzeugen, ist daher größter Wert darauf zu

Abb. 159. Schweißstelle an der Oberseite im mittleren Teil eines Rumpfes (Foto Heinkel).

Abb. 160. Rumpfknotenpunkt mit Anschlußauge (Foto Heinkel).

legen, jeden Knotenpunkt vollständig in einer Hitze zu verschweißen. Diese Forderung ist vielfach nicht zu erfüllen, denn die Haltevorrichtungen der Lehre behindern den Schweißer während seiner Arbeit.

Bevor der größtenteils befestigte Rumpf die Schweißvorrichtung verläßt, heftet und verschweißt man diejenigen Anschweißenden, für deren Einbau die Vorrichtung noch unbedingt notwendig ist.

Abb. 161. Befestigungspunkte für Seitenflosse (Foto Heinkel)

Zum Herausnehmen des Rumpfes aus der Schweißvorrichtung ist das Oberteil der Lehre wieder zu entfernen. Die noch zu verschweißenden Stellen sind meist so unbedeutend, daß Deformationen des Werkstückes nur in geringem Maße eintreten können. Die Arbeitsfolge läßt sich nicht im voraus bestimmen, sondern ist den jeweiligen Verhältnissen anzupassen. Ist beispielsweise der Rumpf nach irgendeiner Seite gekrümmt, so muß die Schweißung an den Stellen begonnen werden, an

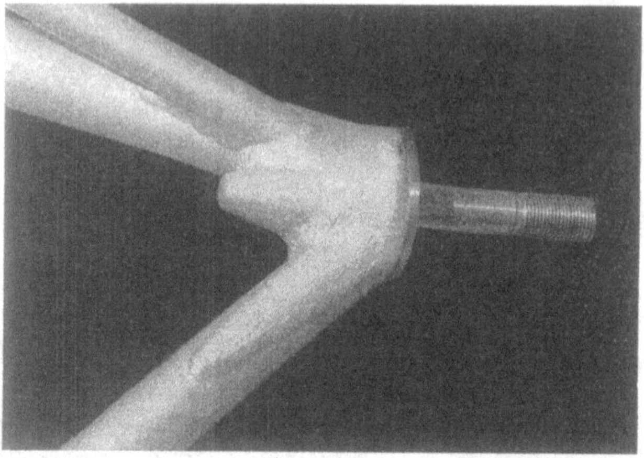

Abb. 162. Knotenpunkt mit verschweißten Anschlußbolzen (Foto Heinkel).

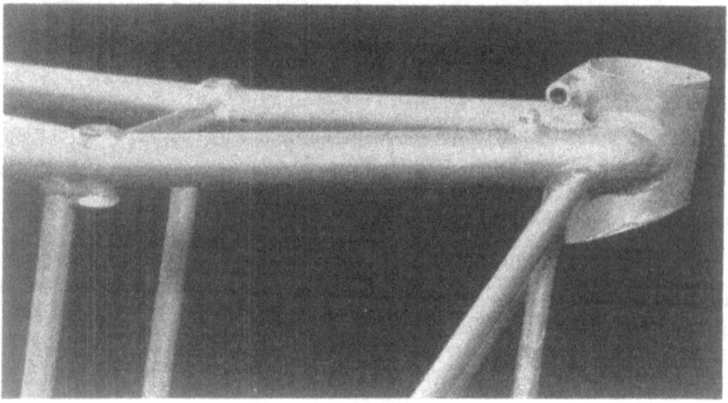

Abb. 163. Oberes Rumpfende (Foto Heinkel).

Abb. 164. Unteres Rumpfende (Foto Heinkel).

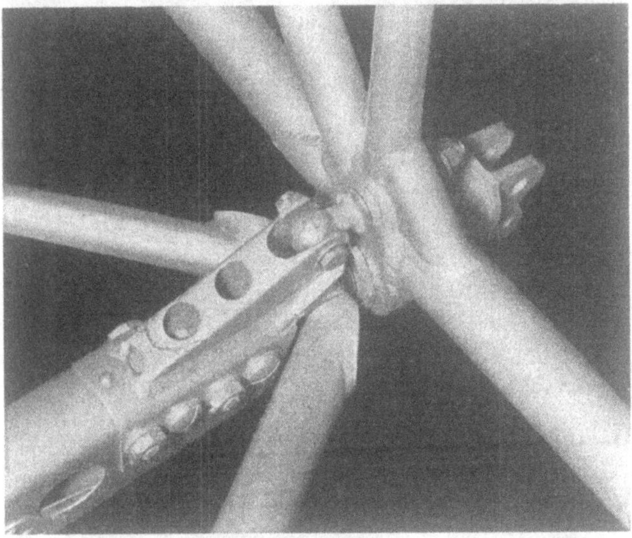

Abb. 165. Rumpfknotenpunkt mit Verstärkungsecke (Foto Heinkel).

denen durch die eintretende Schrumpfung eine Korrektur des Fehlers zu erwarten ist. Nur dann wird ein derart umfangreiches Werkstück dem Verwendungszweck voll entsprechen, wenn man sich bei jeder vorgenommenen Handlung rechtzeitig von den Auswirkungen überzeugt,

Abb. 166. Steuerungseinbauten (Foto Heinkel).

wobei sich die weitere Arbeitsweise nach den ermittelten Tatsachen zu richten hat.

Als eine der letzten Arbeiten werden die Anschweißteile untergeordneter Bedeutung befestigt. Dabei ist zu beachten: Bei der Erwärmung einer stark durch Spannungen belasteten Strebe wird der innere Widerstand überwunden, wobei das Rohr durch die an beiden Enden wirkenden Druckbeanspruchungen an der Erwärmungsstelle außerordentlich schnell zu Wulstbildungen neigt. Diese Gefahr tritt nicht nur an Schweißstellen, sondern auch durch unachtsame Brennerhaltung ein.

Die Richtarbeiten an Rumpfgerüsten verlangen ein großes Maß von Erfahrungen.

Abb. 159 bis 166 zeigen verschiedene Ausschnitte von Stahlrohrrümpfen. Bei aufmerksamer Betrachtung der Abbildungen sind mehrere für den Schweißer bedeutungsvolle Wahrnehmungen zu machen. In Abb. 159 sind beispielsweise am Verbindungsrohr der beiden Obergurte die Blechlaschen nur auf einer Seite vollständig verschweißt. Die Innenseite der Bleche ist nur an den äußeren Punkten verfestigt. Wird diese Arbeitsweise gewählt, so ist ein gutes Durchschweißen erforderlich, jedoch ist die Erwärmung und damit die Gefahr, daß die Schweißstelle der doppelseitigen Verfestigung der Laschen sich verformt, geringer. Das in Abb. 160 sichtbare Anschlußauge ist nicht nur stumpf am Gurtrohr aufgesetzt, sondern das Blech reicht sogar bis in die auf der Gegenseite befindlichen Rohrstreben hinein. Dies ist an der seitlichen Schweißnaht der linken Diagonale feststellbar, denn mit der Raupe wurde zusätzlich das Anschlußauge mit den einmündenden Streben verbunden. Damit das Blech am Gurtrohr genügend Halt bekommt, wird bereits vor dem Ansetzen der Diagonalstreben die durch letztere verdeckte Zone geschweißt. Diese konstruktive Durchbildung an hochbeanspruchten Querschnitten hat den Vorteil, daß die auftretenden Kräfte sehr gut auf das ganze Trägersystem übertragen werden. Eine sehr einfache, dabei aber sehr sichere Anschlußmöglichkeit anderer Bauteile an Rumpfgerüsten bietet der in Abb. 162 eingeschweißte Stahlbolzen. Da das hintere Ende des Schraubenschaftes verstärkt ist, verbürgt das Verbindungselement im verschweißten Zustand eine große Sicherheit. Abb. 165 zeigt einen sehr wirksam verstärkten Knotenpunkt. Der rechte Winkel zwischen Gurtrohr und senkrechter Seitenwandstrebe ist mit einem U-förmig gebogenen Blech versteift worden. Der Vorteil gegenüber einem T-förmig eingesetzten Knotenblech besteht darin, daß beim Schweißen kaum Querschnittsveränderungen der Begrenzungsrohre auftreten, da eine gute Massenverteilung vorherrscht. Ferner bekommt der Knotenpunkt durch die Form der Verstärkungsecke eine ausgezeichnete Stabilität, ohne daß Gewichtsvermehrungen der Konstruktion zu befürchten sind. Die in Abb. 166 gezeigten Steuerungseinbauten lassen darauf schließen, daß auch diese Bauteile einen beträchtlichen Umfang besitzen.

Ursachen auftretender Mängel und ihre Beseitigung.

Abb. 167 stellt einen Rumpfausschnitt schematisch dar, an dem sich infolge falscher konstruktiver Anordnung der Streben die Spannungen in vernichtender Weise ausgewirkt haben. Die Fehler betrafen in erster Linie die an der oberen und unteren Rumpfebene angefügten Distanzrohre S und S_1, die stark in Mitleidenschaft gezogen worden sind. Zu allem Unglück hat auch die Wandung der deformierten Rohre nur eine Stärke von 0,5 mm besessen, die Diagonalrohre haben dagegen eine Wandstärke von 1 mm gehabt.

Wie gezeigt, werden zuerst die fertiggeschweißten Seitenwände mit der oberen und unteren Ebene verbunden. Schließlich sind die Spanten noch einzusetzen, und dann wird alles verschweißt. Schon der erste Arbeitsgang setzt das ganze Rohrsystem unter Spannungen. Verfolgt man der Reihe nach die einzelnen Verbindungsstellen, so wird die untere Strebe S_1 nach der Verfestigung des Knotenpunktes 10, die obere

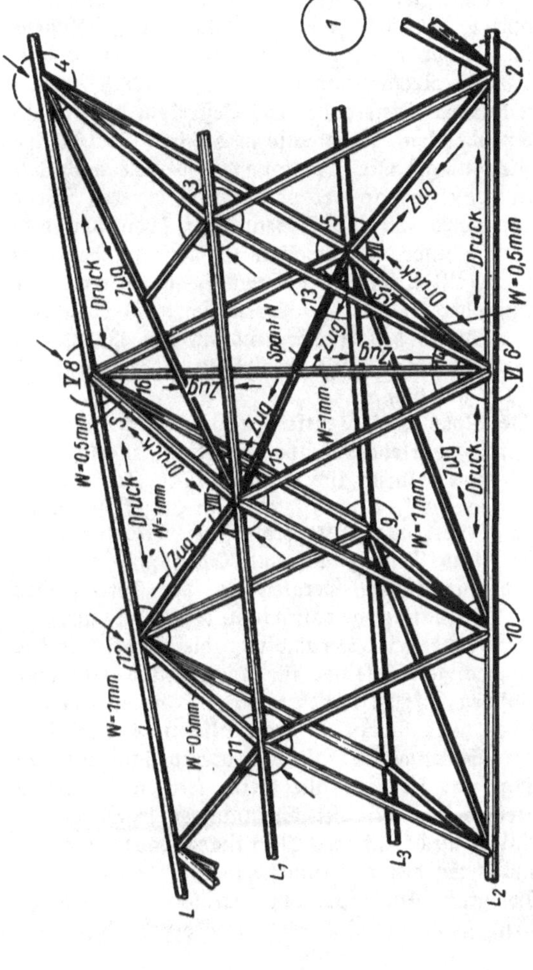

Abb. 167. Fehlkonstruktion eines Rumpfgerüstteiles.

Die Zahlen 1 bis 12 in Abb. 167 beziehen sich auf die Schweißung der Seitenwände mit der oberen und unteren Rumpfebene. W = Wandstärke. — Die Zahlen 13 bis 16 beziehen sich auf die Schweißung von Spant N. — Die durch Schrumpfung erzeugte Druckkraft verursacht Stauchungen der Rohre S und S_1, deshalb ist Spant N gleichzeitig mit dem übrigen Rumpfgerüst nach den Zahlen V bis VIII zu verschweißen.

Strebe S nach der Verfestigung des Knotenpunktes 12 unter große Druckspannungen gesetzt, denn eine freie Auswirkung der Werkstoffschrumpfung ist nicht mehr möglich, da geschlossene Dreiecksverbände vorhanden sind. Die Summe der Spannungen beider Diagonalrohre rufen nun in S und S_1 erhebliche Druckkräfte hervor. Diese haben das Bestreben, den Rumpf seitlich zusammenzudrücken, wirken also in der in Abb. 167 angedeuteten Pfeilrichtung. Die Spannungen werden auch dadurch vergrößert, daß nur an der oberen und unteren Ebene Wärme zugeführt wird, da die Seitenwände schon vor dem Zusammenbau fertig sind. Eine weitere Gefährdung der stark belasteten Streben tritt beim Einbau von Spant N ein. Die schwachen Distanzrohre S und S_1 schieben sich bei diesem Arbeitsgang schon während des Anwärmens an den Punkten 6 und 8 wulstartig zusammen. Die Rumpfbreite verringert sich dadurch um etwa 4 bis 6 mm.

Das gestauchte Rohr ist zu entfernen und durch eins mit größerer Wandstärke zu ersetzen. Können dieselben Querschnittsabmessungen wie beim ursprünglichen Rohr beibehalten werden, so genügt es oft, nur eine Innenmuffe oder ein kurzes Zwischenstück einzuziehen. Wertvolle Hilfsgeräte für derartige Ausbesserungsarbeiten sind Distanzstäbe und Spannschlösser. Die Rumpfgurte sind mit diesen Geräten an den betreffenden Stellen auf die Entfernung gewaltsam auseinanderzupressen, so daß nach stattgefundener Schrumpfung die vorgeschriebene Breite des Rumpfes gewährleistet ist. Die in Abb. 167 eingetragenen arabischen Ziffern beziehen sich auf die normale Schweißfolge. Der Spant N wird also nicht nach dem Verschweißen der Seitenwände mit der oberen und unteren Rumpfebene eingesetzt, sondern alle Teile werden in einem Arbeitsgange verschweißt. Mit den Spannungen wächst gleichzeitig auch die Widerstandskraft des Werkstückes, daher sind unerwünschte Stauchungen weniger wahrscheinlich. Zeigen sich an den fertiggeschweißten Knotenpunkten poröse oder sonstige schadhafte Stellen, so hat infolge der Stauchgefahr die Ausbesserung entweder ganz zu unterbleiben, oder es sind mit geeigneten Hilfsmitteln umfangreiche Sicherheitsmaßnahmen zu ergreifen, damit die Rohre keine Deformationen erleiden und der Rumpf seine vorgeschriebene Breite behält.

Abb. 168 zeigt das Verschweißen von Innenmuffen. Die zu verbindenden Rohrenden werden mit versetzt angeord-

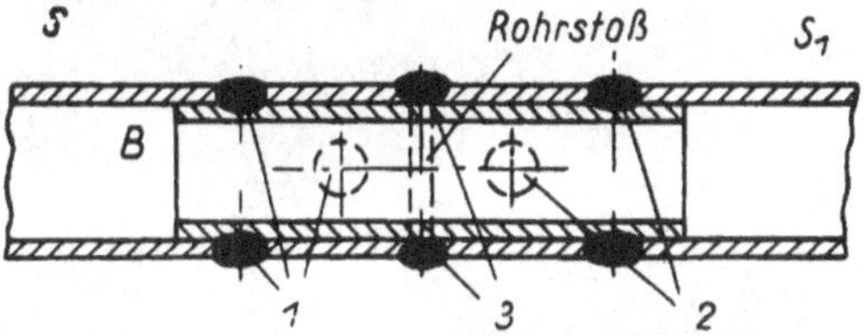

Abb. 168. Schweißnaht, durch Innenmuffe verstärkt.

neten Bohrungen versehen. Anschließend wird die Muffe eingeschoben, so daß der Stoß der Rohre in deren Mitte zu liegen kommt. Die Buchse darf bei Ausführung der Rohrrundnaht nicht mit erfaßt werden, damit sie nicht so stark geglüht wird. Die Befestigung der Buchse B geschieht zunächst an einem Rohrende durch Punktschweißung. Nach der Erkaltung der ersten Verbindungsstellen wird das andere Ende auf gleiche

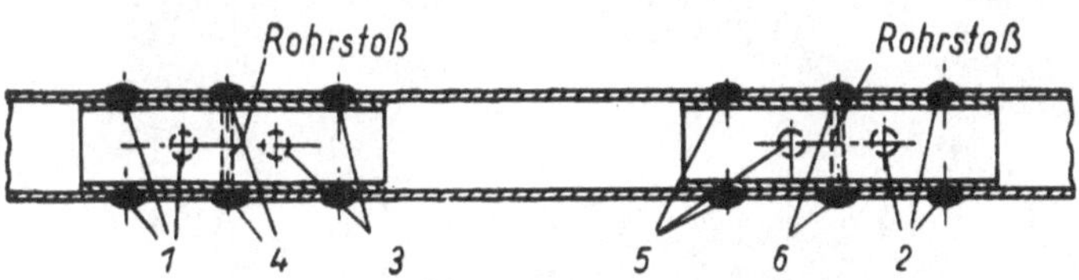

Abb. 169. Einschweißen eines Verbindungsrohres.

Art mit der Buchse verbunden und schließlich als letzte Arbeit die Rohrrundnaht in der Mitte der Muffe gezogen. Bei jedem neuen Arbeitsgang muß die vorherige Schweißstelle erst erkaltet sein.

In ähnlicher Weise geschieht auch das Einschweißen des in Abb. 169 dargestellten Verbindungsrohres. Richtet man sich nach der in Ziffern angegebenen Schweißfolge, so kann während der ersten Arbeitsgänge an jeder Verbindungsstelle die Schrumpfung ungehindert eintreten, ohne die nächstfolgende ungünstig zu beeinflussen. Erst die letzten Schweißstellen ermöglichen nicht mehr eine freie Auswirkung der Schrumpfung.

Schweißerkontrolle.

Die Güte des geschweißten Werkstückes ist abhängig von der Arbeitsweise des Schweißers.

Zur Prüfung der Arbeitsqualität können:

1. Proben aus der laufenden Fertigung entnommen und auf Festigkeit untersucht werden;
2. besondere Proben angefertigt werden.

Über die Erprobungsstücke geben die Abb. 170 bis 173 Aufschluß. Als typische Durchschweißprobe kennzeichnet sich die erste Abbildung. Zwei Rohrstutzen mit verschiedenem Durchmesser werden an den Stirnseiten mit einem dazwischenliegenden Blech, von etwa gleicher Stärke wie die Rohrwandungen,

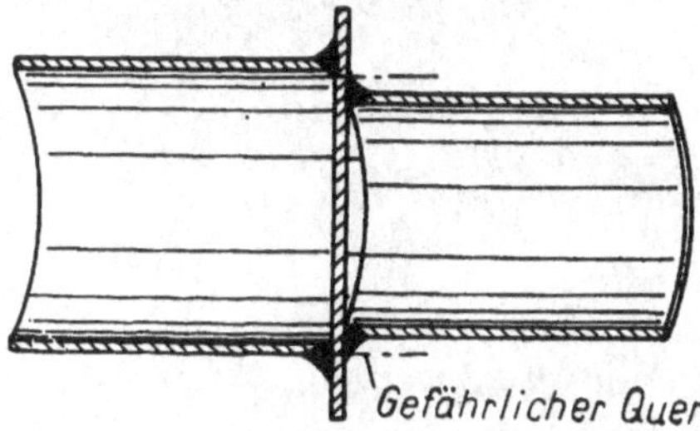

Abb. 170. Durchschweißprobe für Flugzeugschweißer im Schnitt.

mit Kehlnaht verschweißt. Es ist bei dieser Arbeit besonders auf die Nahtwurzel zu achten; denn beide Teile müssen gut verflüssigt werden, um eine gute Verbindung zu erreichen. Das Aufschweißen des zweiten Rohrstutzens ist weitaus schwieriger, da auf der gegenüberliegenden Seite die Massen die Wärme in großem Umfang ableiten. Abb. 171 und 172 zeigen an derartigen Proben ausgeführte Zerreißversuche. Die Aufnahmen veranschaulichen gleichzeitig, wie sich gute und fehlerhafte Verbindungen auswirken. In Abb. 171 ist deutlich erkennbar, daß

Abb. 171. Minderwertige Schweißprobe.

Abb. 172. Gute Schweißprobe.

am Rohr und auch am Blech je eine Hälfte der Schweißnaht sich befindet. Da bei einer guten Verbindung der Bruch niemals in der Schweißraupe, sondern in der ausgeglühten Zone eintreten muß, weist die Probe deutlich einen Fehler auf. Der Bruch ist auf ungenügendes Durchschweißen und eine zu geringe Nahtstärke zurückzuführen. Bei der Probe in Abb. 172 befindet sich die gesamte Schweißnaht an dem einen Rohrstutzen. Wenn auch an diesem Versuchsstück einige Fehlerstellen vorhanden sind, so ist doch größtenteils der gesunde Werkstoff des Bleches zerstört worden.

In Abb. 173 ist eine weitere aufschlußreiche Probe aufgeführt. Diese verlangt neben gutem Durchschweißen auch eine einwandfreie Schmelzbadbehandlung. Jeder Schweißer,

Abb. 173. Probekörper für Zerreißversuche.

der im Flugzeugbau Beschäftigung finden will, muß vorstehende Probe einwandfrei ablegen können, bevor er Schweißungen an Flugzeugteilen ausführen darf. Selbst geübte Schweißer anderer Fachrichtungen benötigen eine vier- bis sechswöchentliche Umschulung, bevor sie brauchbare Ergebnisse erzielen.

Einen Einblick in die Handfertigkeit des Flugzeugschweißers bekommt man bei der Betrachtung der Abb. 174 bis 177. Wenn auch der in Abb. 174 dargestellte Knotenpunkt in der Praxis kaum vorkommen dürfte, so stellt er doch ein gutes Übungsstück dar. An der Regelmäßigkeit der Schweißnaht erkennt man die sichere Hand, die Gewissenhaftigkeit und die Geschicklichkeit des Schweißenden. Eine besondere Leistung stellt die Verbindung des dünnwandigen Rohres mit der 8 mm starken Grundplatte dar. Für einen hochqualifizierten Schweißer bestehen in der Verbindung verschieden starker Werkstoffe kaum irgendwelche Grenzen. Der gleiche Rohrkörper ist in Abb. 175 nochmals im Schnitt zu sehen. Die durch Pfeile markierten Stellen deuten darauf hin, daß an einzelnen Stößen die Rohre nicht vollständig verbunden sind. Diese Erscheinung ist keineswegs auf eine unsachgemäße Arbeit des Schweißers zurückzuführen; unverfestigte Stellen werden stets dort zurückbleiben, wo sich die Rohrachsen unter einem Winkel von weniger als 45° vereinigen. Da der Querschnitt der Naht gegenüber den Rohrwandungen etwa viermal größer ist, so ist der Fehler mehr als ausgeglichen. Korrosionserscheinungen sind auch kaum zu befürchten, denn in der Praxis ist das Innere derartiger Knotenpunkte völlig abgeschlossen, so daß weder der Sauerstoff noch die Feuchtigkeit der Luft eine Zersetzung fördern kann. Die Durchbrüche an der Innenseite der Rohrwandungen haben mit Verbrennungen nichts zu tun, sie sind eine vollkommen normale Erscheinung.

Abb. 176 zeigt den Teil eines Motorträgers, der mit großer Sorgfalt geschweißt worden ist. Das Versuchsstück ist in der Hauptsache zur Größenermittlung des zu erwartenden Schwindmaßes hergestellt worden. Die Rohre B_1 und B_2 dienen zur Aufnahme der Motorbefestigungsbolzen. Sie sind zuerst in das durchgehende Rohr eingeschweißt worden. Nach dem ersten Verbindungsvorgang sind die beiden Stützen V_1 und V_2 sauber angepaßt worden, die Stirnseiten von B_1 und B_2 haben je einen Körnerpunkt bekommen. Nach dem Heftvorgang der Stützen V_1 und V_2 wird zwischen den eingeschlagenen Körnern die Entfernung genau ermittelt. Da das weitere Ausschweißen des Knotenpunktes freiliegend erfolgt, kann nach der Beendigung des Verbindungsvorganges keine nennenswerte Schrumpfung festgestellt werden. Das Schwindmaß würde erheblich größer

Abb. 174. Übungsstück für Flugzeugschweißer (Foto Dornier).

Abb. 175. Schweißprobe nach Abb. 174 im Schnitt (Foto Dornier).

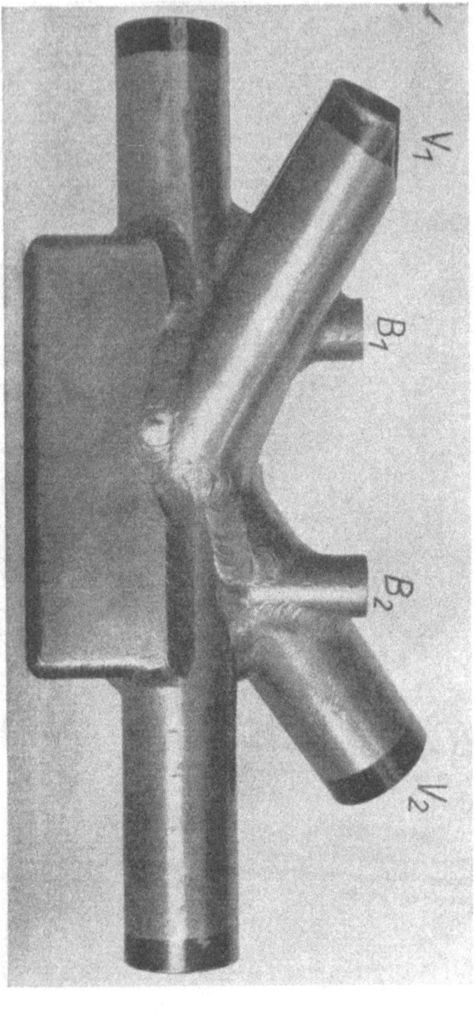

Abb. 176. Knotenpunkt eines Motorträgers (Foto Dornier).

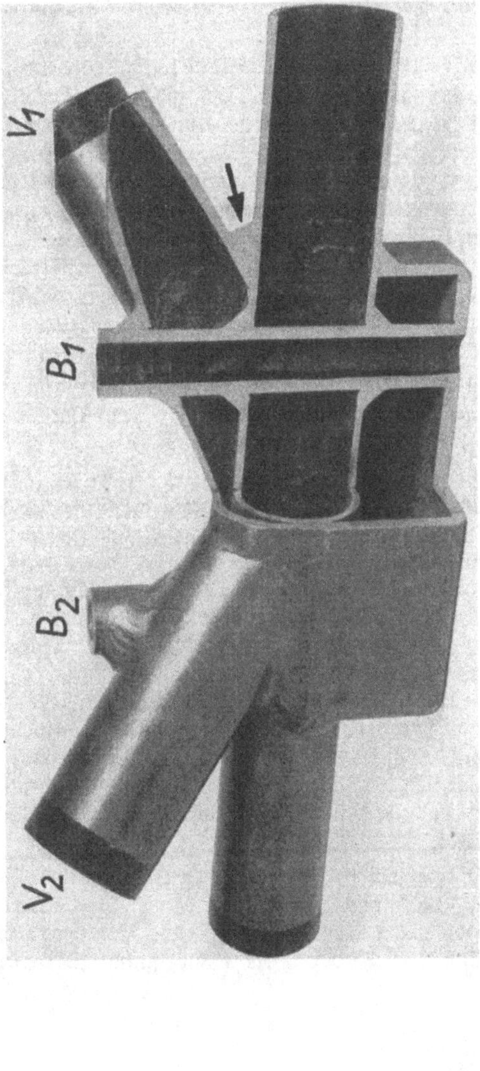

Abb. 177. Knotenpunkt nach Abb. 176 im Schnitt (Foto Dornier).

werden, wenn die Teile beim Ausschweißen nicht frei beweglich wären.

Der in Abb. 177 dargestellte Schnitt zeigt den inneren Aufbau des Verbindungspunktes. Es sind unverbundene Stöße sichtbar, die wegen des vorhandenen spitzen Winkels nicht durchgeschweißt werden können. An der durch den Pfeil angedeuteten Stelle ist eine kleine Blase erkennbar; obwohl in diesem Falle der Fehler unwesentlich ist, dürfen derartige Erscheinungen an hochwertigen Schweißungen nicht vorkommen. Wie schon oft betont, wird vom Flugzeugschweißer eine mit größter Sorgfalt ausgeführte Arbeit verlangt, weil die geringen Werkstoffquerschnitte und hohen Beanspruchungen der Bauteile eine gleichbleibende Qualität aller Schweißstellen voraussetzen.

Abb. 178 bis 193 zeigen Aufnahmen guter und schlechter Schweißungen (alle Versuche wurden in den Dornier-Metallbauten in Friedrichshafen ausgeführt).

Abb. 178 stellt eine Schweißnaht dar, an der äußerlich nichts Wesentliches auszusetzen ist. Würde man die Güte der Schweißnaht prüfen, indem man das gestoßene Rohr in seiner Längsrichtung abzureißen versuchte, so träte der Bruch wahrscheinlich oberhalb der Schweißnaht ein, wobei sich auch keine Beanstandungen ergäben. Um einen besseren Einblick in die Güte der Schweißung zu bekommen, ist nach Abb. 179 zu verfahren. Das stumpfanstoßende Rohr wird in der Längsrichtung aufgeschlitzt. Dann schlägt man die beiden entstandenen Rohrhälften nach außen um, während das durchgehende Rohr mit einem Zapfen gehalten wird. Auf der Abbildung sieht man, daß sich die Schweißraupe von dem durchgehenden Rohr gelöst hat. Die Verbindung der beiden Teile ist nicht innig, denn die Raupe war nur aufgeklebt.

Abb. 180 zeigt einen ganz ähnlichen Knotenpunkt. Äußerlich erscheint die Schweißnaht besser mit den Rohren verbunden zu sein als beim ersten Beispiel. Daß diese Annahme richtig ist, geht aus Abb. 181 hervor. Die Schweißnaht ist so innig mit

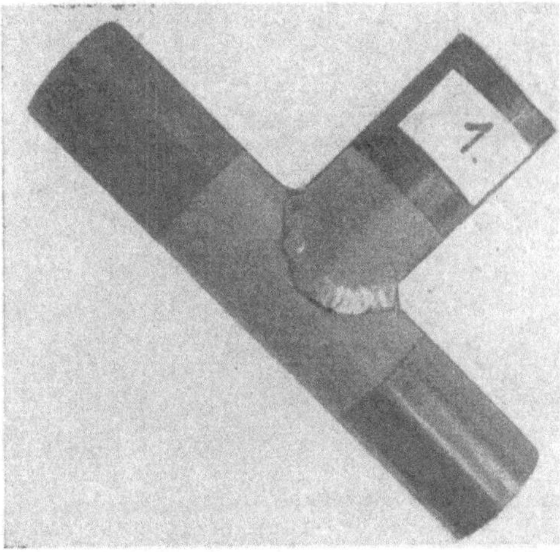

Abb. 178. Mangelhaft angeschweißter T-Stutzen (Foto Dornier).

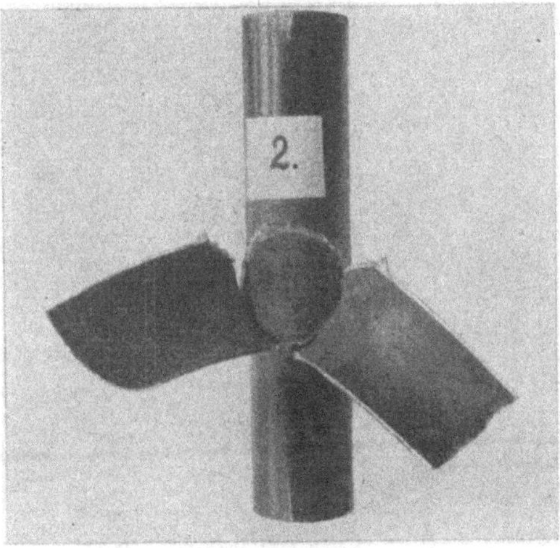

Abb. 179. Schweißprüfung des Stutzens nach Abb. 178 (Foto Dornier).

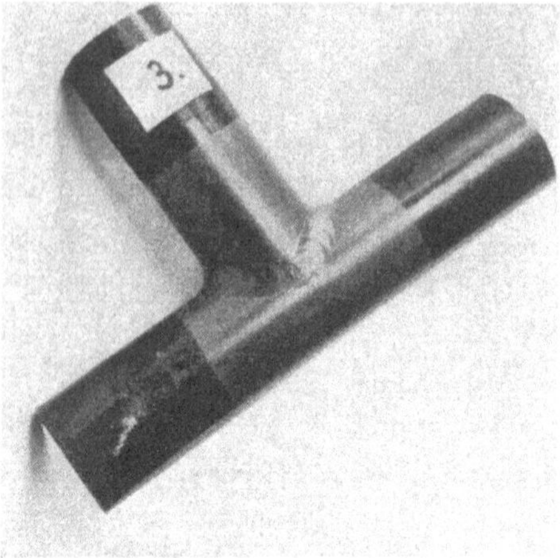

Abb. 180. Gut verschweißter T-Stutzen (Foto Dornier).

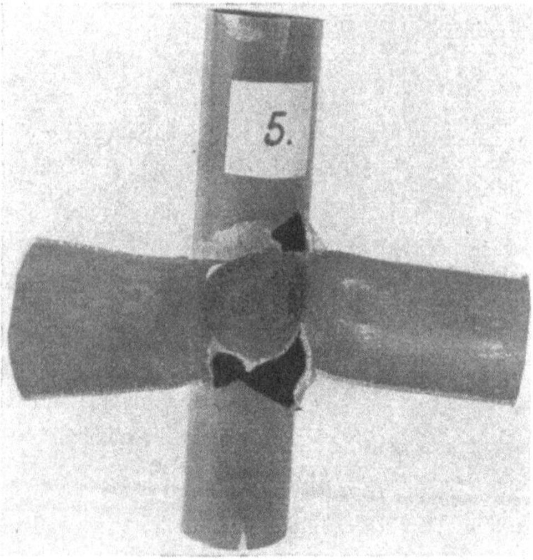

Abb. 181. Schweißnahtprüfung des Stutzens nach Abb. 180 (Foto Dornier).

den Rohrwänden zusammengeflossen, daß zum Teil ganze Stücke aus dem durchgehenden Rohr herausgerissen worden sind.

Das in Abb. 182 ebenfalls aus Rohren zusammengeschweißte Knotenstück zeichnet sich durch eine sehr saubere Schweißung aus, bei der die Raupe ganz gleichmäßig in die Rohrwandung eingebunden hat.

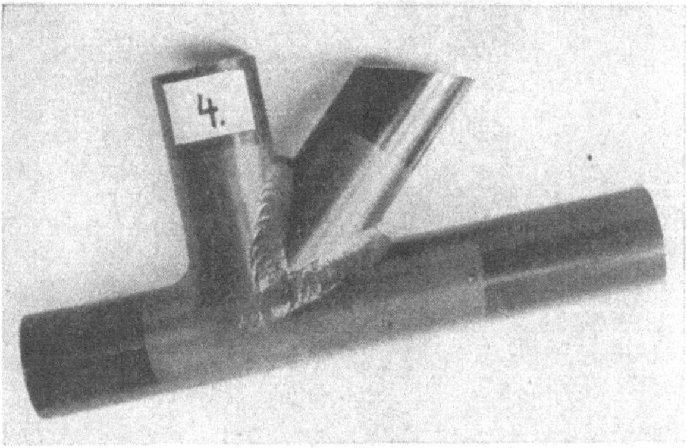

Abb. 182. Einwandfrei verschweißtes Knotenstück (Foto Dornier).

Abb. 183 stellt ein T=Stück dar, dessen Schweißraupe äußerlich einwandfrei erscheint. Die Schnittfläche beweist aber, daß nicht ordentlich durchgeschweißt worden ist. Die Abschrägung des senkrechten Steges ist noch deutlich erkennbar. Die Löcher in der Naht zeugen für schlechte Arbeit. Eine weit bessere Ausführung zeigt Abb. 184. Hier ist die Naht bis in die Wurzel durchgeschweißt worden, so daß sich keinerlei Beanstandungen ergeben.

Abb. 185 und 186 stellen zwei andere T=Stücke dar. Bei beiden Körpern ist die Schweißraupe äußerlich einwandfrei. Die Schnittflächen lassen jedoch erkennen, daß Stück 10 nicht völlig bis zur Wurzel durchgeschweißt ist; die Schweißung ist also

Abb. 183.
Mangelhaft verschweißtes T-Blech
(Foto Dornier).

Abb. 184.
Gut verschweißtes T-Blech
(Foto Dornier).

Abb. 185.
Schnittfläche eines mangelhaft verschweißten T-Bleches (Foto Dornier).

Abb. 186.
Schnittfläche eines gut verschweißten T-Bleches (Foto Dornier).

mangelhaft. Dagegen zeigt Stück 13 a eine vollkommen glatte Schnittfläche. Die Schweißung ist demnach vorschriftsmäßig ausgeführt.

Abb. 187 zeigt ein Anschlußstück mit sachgemäß angeschweißten Verstärkungsaugen. In der Schnittfläche der Schweißraupe sind keinerlei Schäden zu erkennen.

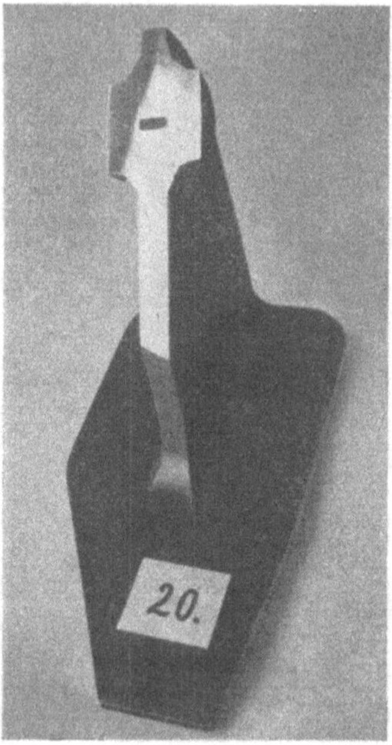

Abb. 187. Anschlußstück mit gut verschweißten Verstärkungsaugen (Foto Dornier).

Abb. 188 und 189 zeigen auf Beanspruchung hin geprüfte Schweißverbindungen. Während bei dem Versuch nach Abb. 188 links der Zusatzwerkstoff mit den Blechen keine innige Verbindung eingegangen ist und daher bei der Biegeprobe nicht standgehalten hat, zeigt das Stück nach Abb. 188 rechts sachgemäße Schweißung und dadurch bedingte Festigkeit.

Aus Abb. 189 ist deutlich die Abschrägung des senkrechten Bleches sichtbar. Das aufzuschweißende Stück ist nur aufgeklebt gewesen.

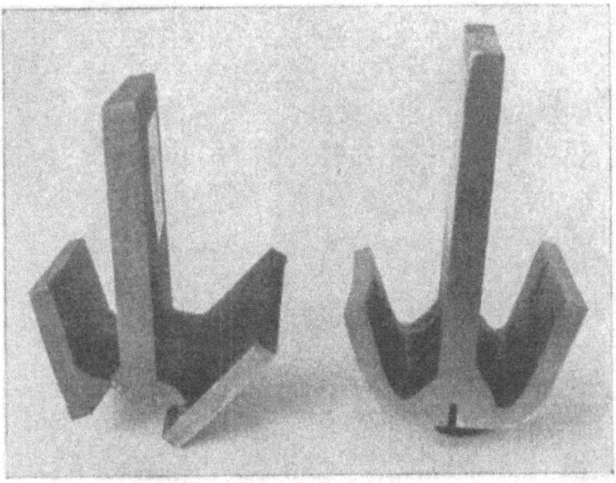

Abb. 188. Biegeproben geschweißter T-Bleche (Foto Dornier).

Abb. 189. Mangelhaft abgebundene Schweißnaht (Foto Dornier).

Abb. 190 zeigt eine über Eck ausgeführte Schweißraupe, die keinerlei Beanstandungen aufweist. Um die Haltbarkeit der Schweißung zu prüfen, ist versucht worden, durch Abschlagen der Stege diese zu zerstören. Wie die Abbildung zeigt, platzt die

Naht bei richtiger Ausführung der Schweißung nicht auseinander.

Abb. 190.
Schnittfläche
einer gut ausgeführten
Schweißung
(Foto Dornier).

Abb. 191. Schräg geschnittenes Versuchsstück (Foto Dornier).

Abb. 191 zeigt ein aus zwei Flachstählen zusammengeschweißtes Werkstück, das zur Prüfung der Schweißnaht schräg geschnitten worden ist. Abb. 192 und 193 stellen die Schnittflächen zweier derart zugearbeiteter Werkstücke dar. Die beiden Aufnahmen veranschaulichen eine gute und eine schlechte Schweißung. Während bei der guten Schweißung die Schnittflächen keine schadhaften Stellen aufweisen, befinden sich in den Schnittflächen der schlechten Fehlstellen, die deutlich die Lage der Schweißraupe erkennen lassen. Die Schlackeneinschlüsse sind auf unvollkommenes Durchschweißen zurückzuführen.

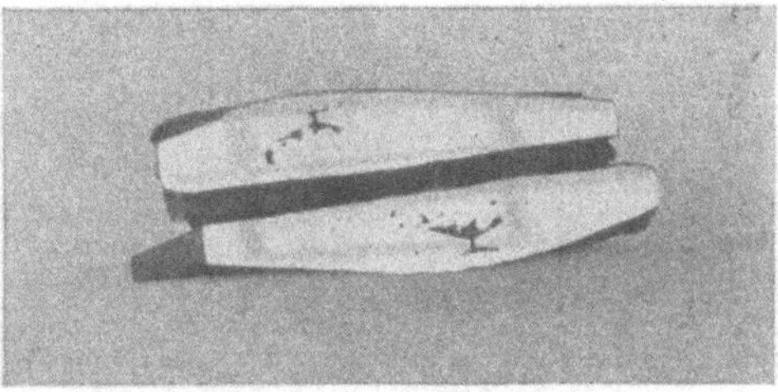

Abb. 192. Schnittfläche eines schlecht verschweißten Werkstückes nach Abb. 191 (Foto Dornier).

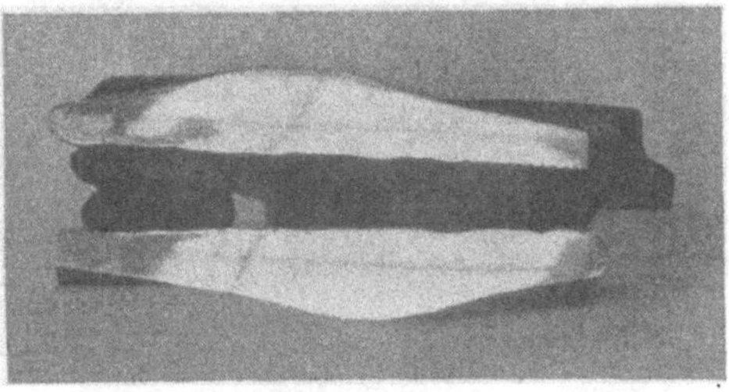

Abb. 193. Schnittfläche eines gut verschweißten Werkstückes nach Abb. 191 (Foto Dornier).

Werkstückprüfungen.

Durch ein gut organisiertes Kontrollsystem wird jedes fertige Werkstück eingehend geprüft. Normalerweise hat das geschweißte Bauteil mehrere Kontrollen zu durchlaufen, bevor es dem Verwendungszweck übergeben wird. In erster

Linie erfolgt eine Überwachung der Arbeit durch den Vorarbeiter und Meister schon während der Herstellung des Werkstückes. Ferner findet eine gründliche Durchsicht durch eigens dafür angestellte Kontrolleure statt. Die Schlußdurchsicht wird schließlich durch die Bauaufsicht des jeweiligen Auftraggebers ausgeführt. Man kann aus diesen umfangreichen Vorkehrungen ersehen, daß es fast unmöglich erscheint, irgendwelche Fehler zu übersehen.

Abb. 194. Prüfung der Schweißnaht an wichtigen Rumpfanschlüssen (Foto Bücker).

Jedes der Kontrolle übergebene Werkstück wird vorher mit Hilfe des Sandstrahlgebläses von Zunderresten und sonstigen Verunreinigungen befreit. Mit Handlampe und Lupe wird jede einzelne Schweißstelle auf das sorgfältigste untersucht.

Ungleiche und rauhe Nahtoberflächen, zu breite Raupen, Schweißungen neben dem Stoß, zu kalt ausgeführte Schweißungen, poröse Raupen, eingefallene Verbindungsstellen und

Querschnittsschwächungen sind Beanstandungen, die auf geringe Geschicklichkeit des Schweißers zurückzuführen sind. Starke Rohrverzüge, Stauchungen und Beulen sowie Rißbildungen stehen zwar auch in gewisser Abhängigkeit vom Schweißer, aber als Folgen von Spannungen nicht unmittelbar. Gerade bei den letzteren Mängeln, die oft durch Nachschweißen oder Einfügen

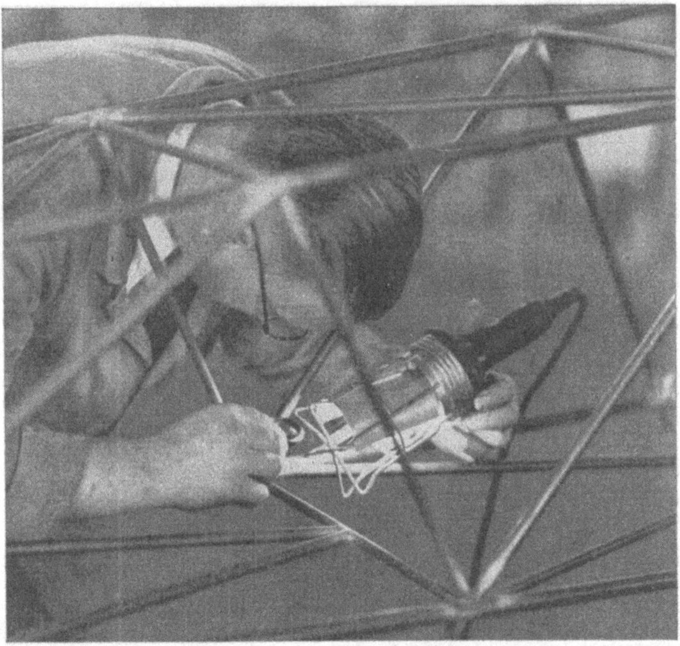

Abb. 195. Prüfung eines Rumpfgerüstes (Foto Bücker).

von Ersatzstücken zu beheben sind, müssen die Gründe ermittelt werden, die zu den Fehlarbeiten geführt haben.

Eine weitere Art von Werkstückprüfungen stellt das allerdings nur bei größeren Rohrsystemen gebräuchliche Abdrücken mit Flüssigkeit dar. Ein Werkstück kann nur dann derart behandelt werden, wenn die einzelnen Rohre durch Bohrungen miteinander verbunden sind. Die Größe der Durchbrüche ist vom Rohrdurchmesser abhängig. Werden die Verbindungslöcher zu klein gehalten, so ist es schwierig, das Konservierungsöl zu entfernen; sind dagegen die Öffnungen zu groß, so tritt wiederum ein erheblicher Festigkeitsverlust ein. Ist nun das ganze Rohrsystem mit etwa 8 atü unter Druck gesetzt, so wird das Öl auch durch die feinsten Risse hinausgepreßt. Obwohl diese Art der Prüfung vollkommen ist, fällt die zeitraubende und umständliche Bauweise als nachteilig ins Gewicht, denn an jeder Verbindungsstelle müssen die Bohrungen berücksichtigt werden.

Alle diese Vorkehrungen haben den Zweck, dem Flugzeug die erforderliche Sicherheit zu geben:

Daher muß die Arbeit sein:

Gewissenhaft und pflichtbewußt.

FSC
www.fsc.org
MIX
Papier | Fördert
gute Waldnutzung
FSC® C083411

Kolibri 360 GmbH
Ferdinand-Jühlke-Straße 7
99095 Erfurt, Deutschland
produktsicherheit@kolibri360.de